SOCIÉTÉ IMPÉRIALE ET CENTRALE
D'AGRICULTURE.

LÉGISLATION DES CÉRÉALES

PROCÈS-VERBAUX DES DÉLIBÉRATIONS

DE LA

SOCIÉTÉ IMPÉRIALE ET CENTRALE D'AGRICULTURE;

par M. Payen,
secrétaire perpétuel.

Séances des 9, 16, 23 et 30 mars;
6, 13 et 27 avril 1859.

PRÉSIDENCE DE M. PASSY.

PARIS,
IMPRIMERIE ET LIBRAIRIE D'AGRICULTURE ET D'HORTICULTURE
DE Mme Ve BOUCHARD-HUZARD,
5, RUE DE L'ÉPERON.

1859

[illegible]

[illegible]

[illegible]

[illegible]

[illegible]

[illegible]

[illegible]

[illegible]

LÉGISLATION DES CÉRÉALES.

SOCIÉTÉ IMPÉRIALE ET CENTRALE

D'AGRICULTURE.

LÉGISLATION DES CÉRÉALES.

PROCÈS-VERBAUX DES DÉLIBÉRATIONS

DE LA

SOCIÉTÉ IMPÉRIALE ET CENTRALE D'AGRICULTURE;

par M. Payen,
secrétaire perpétuel.

PARIS,
IMPRIMERIE ET LIBRAIRIE DE MADAME VEUVE BOUCHARD-HUZARD,
RUE DE L'ÉPERON, 5.

1859

LÉGISLATION DES CÉRÉALES.

SÉANCE DU 9 MARS 1859.

PRÉSIDENCE DE M. PASSY.

M. de Lavergne dit que l'enquête qui se poursuit en ce moment sur la législation concernant les céréales préoccupe vivement les esprits. Il lui paraît impossible que la Société centrale ne prenne pas une part active à l'examen de cette question. Elle n'en a pas, il est vrai, été saisie officiellement; mais les sociétés des départements ne l'ont pas été davantage, et cependant elles ont pris des délibérations et ont émis des vœux sur la matière.

L'honorable membre lit la proposition suivante à soumettre aux délibérations de la Société :

« La Société impériale et centrale d'agriculture,

« Considérant, d'une part, que la législation obscure et compliquée connue sous le nom *d'échelle mobile* n'a rempli aucune des espérances qu'elle avait fait concevoir, puisque, sous son empire, on a vu se succéder des périodes d'extrême avilissement et de prix excessifs, et qu'au lieu d'atténuer ces variations elle les a plutôt aggravées en gênant le mouvement du commerce;

« Considérant, d'autre part, que, depuis l'ouverture des marchés anglais aux Blés étrangers et la constatation d'un déficit permanent dans l'approvisionnement du nord occidental de l'Europe, l'exportation de nos Blés et farines a pris une importance croissante, qui aura le double avantage de soutenir les prix en temps d'abondance et de préparer, pour les jours de disette, la meilleure des réserves;

« Considérant enfin qu'il est de l'intérêt des producteurs et des consommateurs que la législation sur les grains soit, autant que possible, stable et permanente,

« Est d'avis

« 1° Que la législation dite de l'*échelle mobile* soit définitivement supprimée et remplacée par le régime suivant : liberté d'importation en tout temps, moyennant un droit fixe d'*un franc vingt-cinq centimes* par quintal métrique de grains; liberté non moins complète d'exportation, moyennant un simple droit de balance de *vingt-cinq centimes* par quintal métrique;

« 2° Qu'il ne puisse être rien changé à ce régime que par une loi. »

A la suite de cette lecture, M. de Lavergne fait observer que, s'il a formulé une proposition, ce n'est, en aucune façon, pour imposer son opinion à la Société, mais seulement pour donner un terrain à la discussion. Il croit devoir, sans aborder le sujet au fond, présenter quelques observations pour donner à sa proposition son véritable caractère. On a dit que deux opinions étaient en présence, le libre échange et le système protecteur; ce n'est pas de cela qu'il s'agit. L'unique question est de savoir quel est le meilleur régime douanier en fait de commerce de céréales. Nous sommes Société centrale d'agriculture, et à ce titre nous devons nous décider uniquement au point de vue des intérêts agricoles. On a parlé aussi de l'intérêt des consommateurs; mais il y a identité entre cet intérêt et celui des cultivateurs.

M. Darblay déclare que, pour son compte, il ne peut séparer l'intérêt du producteur de celui du consommateur; ce qui profitera à l'un ne peut manquer de profiter à l'autre. C'est l'intérêt du consommateur que le pays produise le plus possible. M. Darblay réunira donc ces deux intérêts et fera sentir, quand la discussion s'ouvrira, à quel point il importe que le producteur soit rémunéré de son travail et que la nourrriture de la nation soit assurée.

M. Combes demande que la proposition de M. de Lavergne soit imprimée et remise aux membres avant l'ouverture de la discussion.

M. Darblay dit qu'il remettra une contre-proposition.

La Société, consultée, décide

Que la discussion s'ouvrira mercredi prochain;

Que les membres seront avertis par des lettres spéciales auxquelles seront jointes des copies des deux propositions de MM. de Lavergne et Darblay.

SÉANCE DU 16 MARS 1859.

Conformément à l'ordre du jour, la parole est donnée à M. de Lavergne pour développer sa proposition relative *à la législation des céréales.*

M. Darblay demande que, préalablement, il soit donné lecture des deux notes déposées par son honorable collègue et par lui.

Cette proposition n'est pas adoptée. Il est décidé que M. Darblay lira sa contre-proposition lorsque la parole lui sera donnée.

M. de Lavergne fait d'abord remarquer que, s'il diffère profondément d'avis avec M. Darblay quant au principe, il est heureux de se rapprocher, dans l'application, de son honorable collègue. Il présente ensuite des considérations tendant à établir que la législation de l'échelle mobile est obscure et compliquée; il pense que tout le monde sera d'accord sur ce point. Pour lui, malgré l'étude qu'il en a faite, il ne peut se flatter de l'avoir bien comprise et retenue. Le principe, sans doute, est séduisant; mais, dans l'application, on rencontre des difficultés de tout genre. Division en classes, délimitation des zones, choix des marchés régulateurs; adoption de prix-limites qui varient suivant les classes; droits différentiels qui varient également, tantôt fixés à 1 fr., tantôt à 1 fr. 50 c., tantôt même à 2 fr. par franc de hausse ou de baisse; surtaxe de pavillons; enfin législation inextricable. Un système composé de moyens si compliqués devait mal fonctionner; en effet, il a très-mal fonctionné. Sur certains points, on pouvait importer, quand le Blé était à 18 fr.; sur d'autres, seulement quand il était à 26 fr. : de là les moyens d'éluder la loi, et on en a profité.

L'honorable membre discute la question des mercuriales, qui, suivant lui, sont, le plus souvent, erronées; il signale l'intervalle qui s'écoulait entre le moment de la confection des mercuriales et celui où les tarifs devenaient exécutoires, intervalle qui n'était de rien moins que d'un mois ou six semaines : de sorte qu'ils se trouvaient applicables au moment où les moyennes pouvaient n'être plus exactes. M. Darblay lui-même a reconnu la nécessité de remanier cette législation dans sa base et dans ses détails.

L'échelle mobile, ajoute M. de Lavergne, n'a pas répondu aux espérances qu'elle avait fait concevoir. On avait cru qu'elle empêcherait l'importation des grains étrangers; elle n'a pas eu ce pouvoir. Depuis son établissement, l'importation n'a pas cessé, et elle s'est élevée, en moyenne, à 1,500,000 hectolitres par an.

On voulait élever les prix aux limites indiquées; on n'a pas pu obtenir ce résultat. On sait que les prix de vente sont restés de 3 à 4 fr. au-dessous des prix établis, auxquels on avait voulu élever les limites pour chaque zone. Enfin on avait cru réduire les variations dans les prix; on n'y est pas parvenu davantage. Il y a eu des périodes de hauts et de bas prix. Aussitôt après l'institution de l'échelle mobile, cinq années de bas prix ont eu lieu. Ces bas prix se sont soutenus tant qu'a duré l'abondance. Il y a eu de mauvaises récoltes, et dès lors les cours se sont élevés indépendamment de l'échelle mobile.

M. de Lavergne insiste sur ce qui est dit dans le § 1er de sa proposition, savoir : *que l'échelle mobile, au lieu d'atténuer ces variations, les a plutôt aggravées en gênant le mouvement du commerce.*

M. Darblay a remarqué que ces variations sont, de nos jours, moins graves qu'autrefois, et il a exprimé l'opinion que la législation qui régit le commerce des grains à l'étranger y est pour quelque chose ; mais M. de Lavergne ne peut partager cette manière de voir. Le commerce intérieur, de jour en jour plus libre et plus développé, et les améliorations dans les moyens de transport à l'intérieur en sont les véritables causes; l'échelle mobile ne fait qu'aggraver les différences, et voici comment :

Elle ne permet l'entrée que lorsque les grains nationaux sont arrivés à un prix élevé. Il faut alors que le commerce se prépare pour aller chercher des Blés, et pendant ce temps les grains nationaux peuvent monter à un prix excessif. De même pour l'exportation : on ne peut exporter que quand les prix sont bas; mais alors le commerce français n'est pas immédiatement en mesure, il y a des retards inévitables; les Blés tombent à des prix désastreux. Il en résulte que nous sommes obligés d'acheter très-cher quand nous avons des besoins, et que nous ne pouvons vendre qu'alors que les prix sont avilis.

Les variations de prix sont dues, avant tout, à la différence des récoltes, mais l'échelle mobile les aggrave. Je sais, ajoute l'honorable membre, que, dans ce moment, on est très-disposé à modifier profondément l'échelle mobile, à réduire à deux seulement le nombre des zones, à modifier également les prix régulateurs, à diminuer les droits perçus, etc., etc.; nul doute que, si on fait tous ces changements et si l'on ne règle les droits que tous les trois, six ou douze mois, au lieu de tous les mois, le mal sera bien amoindri, mais on ne le supprimera pas, et ce qui reste certain, c'est que le principe de la variation des droits est mauvais. On a été obligé de suspendre deux fois l'échelle mobile; une législation qu'on est si souvent obligé de suspendre doit être mauvaise.

Mais, dit-on, si une crainte générale domine parmi les cultivateurs, il faut faire quelque chose pour les rassurer. C'est possible; il y a des cas où il faut savoir dire : *Populus vult decipi, decipiatur;* mais ce sont là des considérations qui ne peuvent pas avoir de valeur dans le sein de la société, dont le devoir est, au contraire, d'éclairer les cultivateurs.

On nous objecte les délibérations qui ont été transmises au gouvernement et qui expriment des vœux favorables à l'échelle mobile. Mais chacun sait comment se font ces délibérations. On les présente toutes faites aux cultivateurs; on leur persuade qu'à la faveur des droits d'entrée ils vendront leur Blé plus cher, et on les abuse ainsi sur leurs véritables intérêts.

Quand on propose aujourd'hui de réduire à deux le nombre des zones, on revient à ce qui a été proposé, il y a vingt ans, par le gouvernement.

L'honorable membre lit l'extrait suivant de l'exposé des motifs du projet de loi sur les grains présenté à la chambre des députés, le 18 octobre 1831, par M. d'Argout, alors ministre de l'agriculture et du commerce :

« Ce système (le système des classes), défectueux dans sa « base, a été mis en pratique d'une manière plus défec« tueuse encore. La loi du 4 juillet 1821 a établi quatre « classes divisées en huit régions. Or les sections d'une « même classe ne sont pas toujours limitrophes, et de cet « enchevêtrement de territoire il est résulté contradiction, « confusion et désordre. Certains départements peuvent re« cevoir des grains à 18 fr., d'autres à 22, d'autres à 24... « Le choix des marchés régulateurs n'a pas donné lieu à « moins de plaintes. Une hausse et une baisse factices, obte« nues sur un marché où il n'aurait été vendu qu'une cen« taine de sacs, peuvent agir d'une manière sensible et « fermer la porte aux grains étrangers; mais le vice radical

« de ce système, vice qu'aucune précaution de détail ne « peut pallier, réside dans cette alternative perpétuelle d'ad« missions et de prohibitions. On a plus d'une fois déploré « l'établissement d'un régime qui rend précaire la faculté « d'importer sans en prévoir le commencement ni la fin, et « qui fait dépendre cette faveur de mercuriales dont les élé« ments ne présentent aucune garantie de vérité et d'exac« titude. » On voit quelle était déjà l'opinion du gouvernement, en 1831, sur le système des classes et des marchés régulateurs ; c'est la commission de la chambre des députés qui a bouleversé le projet de loi et qui a rétabli le mécanisme inextricable de l'échelle mobile.

M. de Lavergne ajoute : Les défenseurs de l'échelle mobile, il est vrai, abandonnent presque tous les détails pour le principe ; ce n'est plus qu'un vain mot que l'on défend, ce qu'on appelle la *protection des céréales*.

La protection est encore un mot séduisant. L'honorable membre aimerait assez à être protégé. Si on lui présente un système douanier qui protége réellement, efficacement l'agriculture, il l'acceptera bien volontiers ; mais il veut une protection réelle, non une protection nominale et menteuse. Il a bien étudié la question, et il est resté convaincu que la meilleure protection pour l'agriculture, c'est la liberté du commerce des grains.

Pour que la protection que vous demandez soit possible, il faut des prix assez bas à l'étranger pour qu'il puisse vous vendre une quantité suffisante pour faire baisser les vôtres. Dans ces circonstances, le système peut être efficace. Ainsi cela est possible pour le fer, qui est plus cher en France qu'à l'étranger; les fers français peuvent être protégés. Il en était de même en Angleterre pour les céréales avant la réforme de sir Robert Peel, attendu qu'à cette époque l'agriculture anglaise ne suffisait plus à nourrir une population fortement accrue, et qu'il y avait un déficit de 20 à 30 millions d'hectolitres de Blé annuellement.

En France, la situation est toute contraire pour les Blés.

La France est le plus grand producteur de Froment du monde; sa production en Froment représente un tiers de la production totale de l'Europe : 90 à 100 millions d'hectolitres; tandis que l'Europe entière en produit en tout 250 à 300 millions d'hectolitres environ. Dans le nord de l'Europe, la population produit et consomme presque exclusivement du Seigle. En France, le Blé, plus généralement cultivé, est presque toujours moins cher, excepté un seul point, que dans tous les autres pays. Depuis dix-huit mois, on est sous le régime de la liberté la plus complète, et les Blés étrangers ne nous ont pas *inondés*, comme on disait. Les États-Unis ne nous envoient plus rien. La Russie, en dix-huit mois, n'a envoyé qu'*un million d'hectolitres* de Froment, c'est-à-dire la consommation de la seule ville de Marseille, et on voudrait que, dans un pays qui produit *cent* millions d'hectolitres de Blé, 200 millions d'hectolitres de tous grains, une semblable importation produisît quelque chose sur les prix généraux; c'est impossible à supposer. Dans ces conditions, les Blés français ne peuvent pas être protégés.

Voilà ce grand épouvantail réduit à sa juste valeur : à mesure que l'on achète à Odessa, les prix s'y élèvent; ils sont montés jusqu'à 26 fr. en 1856; ils sont encore à 16 fr.

Marseille est le seul point où les Blés d'Odessa arrivent en temps ordinaire, et cependant les cours y restent toujours plus élevés que dans l'intérieur, sauf les cas de disette; cela tient aux frais de transports, car on ne peut faire venir de grandes quantités sans occasionner une hausse considérable dans le prix. Nous n'avons pas de déficit dans la consommation générale comme l'Angleterre; nous n'en avons qu'à Marseille, et vous n'avez pas le droit d'affamer Marseille.

En excluant les Blés étrangers et en exagérant les cours des céréales à Marseille, on ne favoriserait que l'industrie du roulage et des transports par chemins de fer, au préjudice du consommateur et sans aucun profit pour le producteur.

On a voulu opposer, aux importations dont on se croyait

menacé, des droits prohibitifs; or voici ce que disait de la prohibition M. d'Argout, ministre du commerce, dans la séance du 29 mars 1832 :

« Si l'on considère la suppression de la prohibition « comme pouvant être une cause de ruine de la production, « de conséquence en conséquence je démontrerai invinci- « blement la nécessité de prohiber la circulation de pro- « vince à province. Quel est le prix rémunérateur demandé « par Toulouse? 20 fr. Quel est le même prix pour Mar- « seille? 28 fr. Les frais de transport entre ces deux villes « sont de 2 fr. 50 c. Toulouse ruine donc l'agriculture de « la Provence, et pour soutenir ce système il faudrait re- « monter aux temps de barbarie, empêcher la circulation à « l'intérieur, et séparer par des prohibitions les Bouches- « du-Rhône et la Haute-Garonne...

« Du moment où la loi a déclaré et proclamé qu'on peut « affamer un pays en permettant les exportations, et que « l'on peut ruiner les agriculteurs en permettant les impor- « tations, le peuple peut faire une fausse, dangereuse et « criminelle application de ce principe : *La France sera « affamée si on laisse sortir des grains, peut-il dire, mais « notre arrondissement, notre canton, notre commune se- « ront pareillement affamés si nous laissons sortir les grains « qui s'y trouvent; ce qui est vrai pour le royaume ne peut « être faux pour la commune.*

« Hâtez-vous d'effacer de nos lois ce principe funeste; je « dirai même ce principe *ignominieux*, tant il contraste « d'une manière choquante avec l'état de civilisation où « nous sommes parvenus. Que désormais la France entière « sache que la liberté de la circulation des grains est chose « sacrée aux frontières comme à l'intérieur. »

Il existe, dit M. de Lavergne, tout un ordre d'arguments que je n'aime pas à employer, que je ne ferai qu'indiquer ici, après M. d'Argout. En effet, ne pourra-t-on pas dire : « S'il dépend du gouvernement de faire monter le prix du « grain en temps d'abondance, il dépend aussi de lui de le

« faire baisser en temps de disette. » Si les producteurs demandent satisfaction, les consommateurs la demanderont de leur côté. Remarquez l'analogie redoutable qui peut se produire entre *le droit au prix* et le *droit au travail*, entre la théorie du *prix normal* et celle du *salaire normal* qui a fait tant de bruit il y a quelques années. Si vous voulez qu'on vous garantisse un *minimum*, vous donnez raison d'avance à ceux qui demanderont qu'on leur garantisse un *maximum*. Les économistes ne veulent ni le *droit au travail* ni le *droit au prix* ni *minimum* ni *maximum* établis par la loi, ni *prix normal* ni *salaire normal*; vous avez besoin d'eux pour répondre à des exigences insensées, souffrez qu'à votre tour ils vous disent la vérité.

N'hésitez donc pas à accepter l'importation, qui n'est rien, que d'ailleurs vous ne pouvez pas empêcher, que les droits prohibitifs de l'échelle mobile n'ont pas pu empêcher ; vous y gagnerez la liberté d'exportation, qui a une tout autre importance.

M. de Lavergne, abordant la deuxième partie de sa proposition, relit le § 2 ainsi conçu :

« Considérant, d'autre part, que, depuis l'ouverture des marchés anglais aux Blés étrangers et la constatation d'un déficit permanent dans l'approvisionnement du nord occidental de l'Europe, l'exportation de nos Blés et farines a pris une importance croissante, qui aura le double avantage de soutenir les prix en temps d'abondance et de préparer, pour les jours de disette, la meilleure des réserves. »

L'honorable membre comprend que dans d'autres temps, à une époque où l'exportation était difficile et chanceuse, les producteurs aient eu un intérêt (qu'on a exagéré toutefois) à craindre l'importation et aient sacrifié à cette crainte la liberté d'exportation. Aujourd'hui la question a changé de face. Depuis qu'on a constaté un déficit permanent en Angleterre et ailleurs, la France a trouvé un débouché immense, une exportation colossale à faire dans des pays près d'elle; aussi est-il établi que, depuis le régime de la liberté, on a exporté trois fois plus qu'on n'a importé : l'exportation des farines est surtout devenue énorme.

C'est une circonstance capitale, toute nouvelle; or il est bien difficile de garder la liberté d'exportation sans accepter la liberté des importations. Même dans les circonstances où le gouvernement peut considérer comme une nécessité de force majeure d'apaiser les terreurs de la population, vous pourrez toujours lui dire : « Laissez-nous la liberté d'exportation, puisque nous acceptons la liberté d'importation. »

Je vais plus loin, dit M. de Lavergne, c'est que, lors même que vous supprimeriez la liberté d'importation, l'état des choses ne serait pas très-différent.

Supposons que les Blés étrangers n'entrent pas en France, ils resteront sur le marché général. Les Anglais les achèteront; ils vous en achèteront moins. Les Blés étrangers que vous n'aurez pas achetés feront concurrence aux vôtres sur le marché général.

Enfin l'exportation offre l'avantage de préparer pour l'avenir la meilleure des réserves.

En effet, il est certain que, si vous fermez vos ports à l'exportation, vous ne pouvez plus produire que pour les besoins de la consommation nationale. Avec la liberté d'exporter, vous pouvez produire de manière à avoir un excédant. Or, qu'il arrive une mauvaise année et, par suite, un déficit, ce qu'on exportait reflue en France et constitue une précieuse réserve.

Quant au § 3 de sa proposition :

« Considérant qu'il est de l'intérêt des producteurs et des consommateurs que la législation sur les grains soit, autant que possible, stable et permanente, »

L'honorable membre ne croit pas devoir y insister, supposant qu'à cet égard tout le monde est d'accord.

Il passe à l'examen de ses conclusions et lit le § ci-après :

« Est d'avis

« 1° Que la législation dite de l'échelle mobile soit définitivement supprimée et remplacée par le régime suivant : liberté d'importation en tout temps, moyennant un droit fixe de 1 fr. 25 c. par quintal métrique de grains ; liberté non moins complète d'exportation, moyennant un simple droit de balance de 25 centimes par quintal métrique. »

Si M. de Lavergne propose un droit fixe à l'importation, ce n'est pas qu'il le considère comme protecteur : il ne l'est pas plus, suivant lui, que l'échelle mobile ; il le propose uniquement comme droit *fiscal*. Les Blés indigènes sont soumis à des impôts ; il n'y a pas de motif pour ne pas imposer les Blés étrangers, car il faut des revenus à l'État. Il n'y aurait pas lieu à supprimer cet impôt en temps de cherté. Que le droit existe ou n'existe pas, il n'en entrera ni plus ni moins de Blé, et le prix du pain n'en sera pas changé.

Ce droit est très-faible, environ de 5 pour 100 du prix ordinaire du Blé, et, par le fait, il est *mobile*, car cette proportion variera suivant les cours ; elle peut n'être que de 3 pour 100 du prix du Blé, si le Blé monte, et s'élever, au contraire, à 6 pour 100, 8 pour 100, 10 pour 100, s'il baisse. Sur la plus grande importation, qui a été de 10 millions d'hectolitres, ce serait en tout 10 millions de francs, représentant sur l'ensemble de la consommation nationale, qui est de 200 millions d'hectolitres de tous grains, 1 sou par hectolitre.

Serait-ce là un essai *hasardeux*, comme l'affirme M. Darblay? M. de Lavergne ne peut le croire. La législation en tous pays a renoncé à l'échelle mobile.

L'Angleterre a essayé de l'échelle mobile ; elle a dû la remplacer par un droit fixe. De même en Belgique et en Hollande. Ces pays sont, sans doute, prudents. S'ils ont préféré le droit fixe, c'est qu'ils ont voulu que le commerce pût savoir sur quoi compter, tandis qu'avec l'échelle mobile on est dans une complète incertitude. La fixité de la législation est indispensable pour constituer un grand commerce.

Le dernier article de ses conclusions était ainsi rédigé, « qu'il ne puisse être rien changé à ce régime que par une

« loi. » Mais il lui a été dit que cette proposition pouvait soulever des questions constitutionnelles, dès lors, il croit devoir la retirer : il le regrette, car il y tenait beaucoup; mais les questions constitutionnelles ne sont évidemment pas de la compétence de la Société.

Ce n'est pas d'aujourd'hui, dit, en terminant, M. de Lavergne, que l'on discute la question du libre commerce des céréales; voilà cent ans qu'elle a été mise au monde par les premiers économistes, et depuis cette époque elle a toujours progressé. On a commencé par la liberté du commerce des grains à l'intérieur : cette liberté a suscité, dans son temps, de grandes résistances dont elle a triomphé ; elle est aujourd'hui pleine et entière, et M. Darblay lui-même en a reconnu les heureux effets. La liberté à l'extérieur a marché moins vite, mais elle n'a jamais reculé. En 1819, on avait établi la prohibition des Blés étrangers; ce principe a disparu en 1832. En 1847, on a suspendu temporairement l'action de l'échelle mobile pour l'importation. Cette suspension n'a duré qu'un an. En 1853, nouvelle suspension qui a duré davantage, car elle dure encore aujourd'hui. Ce qui peut maintenant arriver de pis, c'est qu'on nous rende l'échelle mobile, mais mutilée, cassée en deux, réduite plus que jamais à l'impuissance. Si nous n'obtenons pas tout, nous obtiendrons toujours quelque chose, et, dans tous les cas, la liberté du commerce des grains aura fait un nouveau pas.

La parole est à M. Darblay.

L'honorable membre fait observer que l'heure est trop avancée pour qu'il puisse répondre à M. de Lavergne, qui a parlé durant plus d'une heure ; il demande que la suite de la discussion soit remise à mercredi prochain. M. Darblay ajoute qu'au reste un sténographe, présent à la séance, a recueilli textuellement les paroles de son honorable collègue; qu'en conséquence il sera à même d'en prendre connaissance exacte et complète avant la prochaine séance. Il dira seulement aujourd'hui que, s'il admet quelques points de l'opinion de M. de Lavergne, il en conteste un assez grand nombre d'autres et se propose d'y répondre d'une manière détaillée.

M. le président fait observer que le bureau n'a pas cru devoir faire venir un sténographe, ce qui eût été une dérogation aux usages de la Société, mais que, vu l'importance de la discussion, il avait prié trois personnes, prises dans le sein de la Société, de prendre des notes pour la rédaction du procès-verbal; le bureau ne répondra que de ce qui sera inséré dans le procès-verbal de la séance.

M. le président annonce que la parole est réservée à M. Darblay pour la séance prochaine, et ensuite à MM. Pommier et Moll, inscrits sur l'ordre du jour.

M. de Lavergne déclare qu'il n'avait pas été prévenu qu'on eût fait venir un sténographe; mais il ne voit, pour son compte, aucun inconvénient à ce qu'on ait exactement recueilli ce qu'il vient de dire.

SÉANCE DU 23 MARS 1859.

M. Darblay aîné a la parole; il présente d'abord les conclusions qu'il propose.

La Société impériale et centrale d'agriculture, considérant

1° Qu'aucune loi humaine ne peut ramener à l'uniformité ce qui est profondément et constamment différencié par les lois naturelles;

2° Que toutefois, depuis quarante ans, si nous avons eu trop souvent des prix trop élevés et des prix trop bas, nul ne peut nier que le mal produit par ces fâcheuses alternatives n'ait, en aucune circonstance, été porté au degré où les temps antérieurs le signalent, car alors ce n'étaient pas seulement des prix de cherté, mais de véritables famines avec toutes leurs calamités, bien que la population fût de moitié moindre qu'elle n'est aujourd'hui;

3° Que le régime du commerce des grains à l'intérieur a

contribué, pour la plus grande part, à ce changement favorable, et que les voies rapides et jamais interrompues de communications intérieures doivent nous rapprocher de plus en plus du but désiré, en donnant toutes facilités pour la répartition des récoltes dans toutes les parties de la France; mais que la loi qui régit ce commerce avec l'étranger y a eu sa part aussi, part qui eût été plus grande si des fautes commises et faciles à signaler n'en eussent pas, en certaines circonstances, contrarié l'effet;

Qu'il est toujours facile de critiquer ce qui est, et que la critique ne saurait atteindre ce qui n'a pas encore été;

4° Que les propositions qui sont produites pour le remplacement de la loi *existante,* dite de l'échelle mobile, sur l'importation des grains étrangers en France et l'exportation des grains de France à l'étranger, se réduisent à deux (car la suppression de tous droits à l'entrée et à la sortie semble aujourd'hui abandonnée par ses partisans les plus prononcés) :

La question reste donc entre l'établissement d'un droit fixe, *quelle que soit l'élévation des prix des Blés à l'intérieur*, et la conservation du principe de la loi de l'échelle mobile;

5° Que pour le droit fixe à l'entrée il est produit autant de chiffres différents qu'il se présente de proposants :

0,50 par hectolitre,
1,25 par quintal métrique,
2,00
3,00
4,00

par quintal ou par hectolitre, car beaucoup ne s'expliquent pas sur l'étalon du droit;

6° Que ce désaccord annonce chez quelques-uns la pensée de la suppression de tous droits, et chez les autres l'oubli qu'en temps de prix inférieurs à celui nécessaire à notre agriculture, amenés par l'abondance de nos récoltes, leur droit ne sera pas suffisamment protecteur, et qu'en temps de cherté rien ne pourra en arrêter la suppression qui sera réclamée par tous et d'un commun accord ;

7° Que, dans l'état actuel des choses, la concordance entre la production et la consommation de la France est presque en balance, et que, conséquemment, aucune mesure radicale, aucun essai hasardeux ne sont commandés par les nécessités auxquelles d'autres pays ont dû céder, non sans répugnance et craintes de l'avenir;

8° Que de bonnes mesures administratives à l'intérieur et faciles à prendre peuvent venir comme aides et encouragement à une production croissante de notre sol ;

9° Que le gouvernement est entré déjà dans cette voie par plusieurs lois ou décrets, mais que les hésitations dans l'exécution en ont détruit ou suspendu l'effet : « loi sur le drai-
« nage, approvisionnement chez les boulangers, dont l'effet
« ne peut être senti, puisqu'en même temps il y a entrée libre
« des grains étrangers en France ; »

10° Que d'autres mesures peuvent être prises avec un assentiment général, puisqu'elles tendront à un but commun et approuvé par tous, comme celle qui aurait pour but d'abaisser le prix du guano et celui des résidus d'huilerie :

Par tous ces motifs et ceux que la discussion y ajoutera, nous avons l'honneur de proposer à la Société impériale et centrale d'agriculture le vote suivant :

La Société pense

Que le principe de la loi *actuelle*, non abrogée, doit être conservé;

Qu'elle doit être revisée dans ses bases et ses détails, pour les mettre en harmonie avec les changements apportés depuis 1832 dans la viabilité intérieure et celle même des pays producteurs;

Que la concordance heureuse des produits de nos récoltes avec les besoins de nos consommations n'appelle pas de mesures radicales ni d'essais hasardeux;

Que de bonnes mesures administratives, prises et exécutées fermement et opportunément, peuvent aider puissamment à l'effet de la loi.

La Société ajoutera toutes autres conclusions que sa sagesse et sa profonde aptitude dans la matière pourront lui suggérer.

MESSIEURS,

Nous devons à notre tour justifier les propositions que nous avons soumises à votre examen et à votre discussion; nous le ferons, mais nous aurons besoin de votre indulgence : la matière est importante et exige des développements; nous nous appuierons généralement sur l'expérience et les faits acquis, et nous répondrons aux énonciations de notre collègue toutes les fois qu'elles se rencontreront sur notre route.

Nous n'entreprendrons pas de vous persuader que la loi en vigueur depuis 1832 eut la vertu de rendre uniforme et permanent ce qui est, de sa nature, si variable. Vous savez trop bien tous, messieurs, que le succès des récoltes ne dépend pas seulement d'une bonne ni même d'une excellente préparation, et que l'influence des saisons, des pluies, des sécheresses, des gelées inopportunes, trompe souvent les espérances les mieux fondées. C'est là une difficulté inhérente, ordinaire et particulière à l'agriculture, qui en rend la pratique si incertaine, si périlleuse, indépendamment de ces grands inconvénients d'inondations et de grêles qui lui sont aussi particuliers, et de tous autres qui lui sont communs avec les autres industries.

Mais nous essayerons d'établir que, si la loi de 1832 n'a pas atteint un but qu'aucune autre n'atteindrait, elle a fonctionné de manière à ne froisser aucun intérêt, à protéger dans une égale mesure celui des producteurs et celui des consommateurs; j'établis ici, en passant, que j'entends ces deux mots d'une manière spéciale, car, dans un sens général, tous sont producteurs, comme tous sont consommateurs, et nous ne sommes pas de ceux qui refusent aux autres producteurs les protections justes et préservatrices dont leurs industries éprouvent le besoin pour produire sans perte et même avec le légitime profit, qui est la rémunération du travail et sans lequel la production s'arrêterait.

Pour donner à nos raisonnements de la solidité, il faut d'abord leur donner de bonnes bases.

Tout le monde sera d'accord que notre siècle est celui du travail ou mieux, peut-être, des aspirations à la fortune et aux jouissances. Toutefois, si le siècle a son type général, chaque nation a ses mœurs, ses habitudes, son génie, qui y apportent des variétés dans les applications.

Ainsi je classerai de la sorte les intérêts français :

1° Agriculture;

2° Manufactures, fabriques, industrie;

3° Commerce, navigation;

4° Beaux-arts.

Au sommet de cet édifice social, la science, qui ouvre la route et l'éclaire, pour les guider toutes dans leurs voies, en s'appuyant toujours sur la large et solide base de l'agriculture.

La population, en France, se divise ainsi : près des trois quarts s'occupent, à divers titres, d'agriculture; un peu plus d'un quart, des manufactures, fabriques et commerce.

Pour ceux d'un pays voisin sur lequel nous tournons souvent les yeux, l'Angleterre, je classerai les rangs et les intérêts :

1° Commerce, navigation;

2° Fabriques et manufactures;

3° Agriculture;

4° Science d'application, beaux-arts.

En Angleterre, c'est presque l'inverse de la France pour la population : trois quarts, des manufactures, commerce, navigation; un quart, de l'agriculture.

En France, six millions de familles participent à la possession du sol.

En Angleterre, les possesseurs du sol sont en petit nombre et jouissent de fortunes immenses.

En France, la propriété foncière et l'agriculture fournissent directement ou indirectement le tiers du budget des recettes ;

En Angleterre, pas le vingtième.

De semblables sociétés sont modelées l'une et l'autre pour la paix.

Et pourtant, si nous en avons joui pendant quarante ans, rien ne nous garantit que jamais nous ne reverrons la guerre, et, s'il en survenait une qui eût des chances de durée, nous savons bien tous qu'il y a

Du salpêtre dans les deux Indes,

Du cuivre en Russie et en Amérique,

Du plomb en Espagne,

Du fer en Suède, en Norwége et dans l'Adriatique.

Mais ne viendrait-il pas souvent à la pensée qu'il serait préférable que tous les éléments nécessaires au soutien de la guerre se trouvassent en France?

Combien, messieurs, n'est-il pas d'une convenance, d'une utilité, d'une nécessité bien supérieures que les éléments de notre nourriture, du principe, du soutien de la vie s'y produisent et s'y trouvent, et, au moins, que nous fassions tous nos efforts pour les y produire : là est le véritable intérêt et surtout la sécurité de tous, sans distinction de classes, de catégories, dans une nation où tous les jours les places changent, et où tous les intérêts sont les mêmes et ne doivent jamais s'entre-choquer et se faire antagonisme,

Que l'on n'induise pas de ce que je viens de dire que je repousse de bonnes, de loyales, de fructueuses relations avec les nations voisines ou éloignées; nous n'en manquons pas, Dieu merci, et nos états de douanes en font foi. Nos lois sont protectrices du travail en faveur de nos populations laborieuses, mais elles ne repoussent pas l'étranger; nos côtes et nos ports sont hospitaliers et nos villes maritimes florissantes.

Leur prospérité est incontestablement supérieure à celle de notre agriculture; cela frappe les yeux des moins clairvoyants.

Eh bien! que nos villes manufacturières, que nos ports continuent de prospérer, que leur prospérité s'accroisse, c'est notre désir, et nous l'exprimerons en toute occasion; mais qu'il me soit permis de dire aussi que nous verrions un mal, un bien grand mal à ce que notre agriculture restât en arrière, et déjà c'est l'état actuel.

Je n'entrerai pas dans le détail des comparaisons; je m'adresse à des hommes de science et d'expérience pour lesquels ces sujets sont familiers et qui compléteront ma pensée mieux que je ne saurais le faire; mais ils me permettront d'en faire ressortir la vérité par un fait qui parlera à tous.

A qui le capitaliste aime-t-il à prêter?

Tout le monde le sait et le dit : Aux riches.

Eh bien! messieurs, quels sont les clients des grands capitalistes et des grandes banques? Les agriculteurs? Oh! non. Ce sont les commerçants, les armateurs, les fabricants et manufacturiers. Aux cultivateurs il reste les petits banquiers qui, trop souvent, méritent et reçoivent un autre nom.

Est-il donc nécessaire de dire pourquoi? C'est que les premiers prêtant à des taux modérés et toujours avouables, et voulant assurer la rentrée de leurs capitaux, savent apprécier ceux dont les industries peuvent payer les intérêts, en recueillant eux-mêmes des profits.

De sorte que les plus gros intérêts, des intérêts souvent usuraires, sont payés par ceux-là mêmes dont l'industrie est la moins fructueuse et la plus rude; la vie de ceux qui l'exercent, la plus dure, la plus remplie de privations et dont la fin est souvent la misère.

Messieurs, sera-ce donc précisément celle-là que l'on déshéritera encore des protections que nos lois accordent à toutes et avec tant de raison?

Cela est impossible, et cependant cela est tous les jours demandé.

Je sais bien que, depuis l'ouverture de l'enquête au Conseil d'État, des délibérations du Sénat et de la discussion partout à ciel ouvert, il y a eu des oscillations nombreuses et fréquentes; mais toujours on revient au libre échange ou au presque libre échange par des droits fixes à l'entrée, insuffisants à protéger l'agriculture dans les années où les prix, par l'effet d'abondantes récoltes successives chez nous, sont tombés au-dessous de la rémunération qui permette la production.

D'une autre part, on offre aux cultivateurs la sortie de ses produits sans droit (25 cent., droit de balance) en tout temps et à quelque prix que soit le Blé à l'intérieur. En attendant, on vilipende, on traite de caduque, de vermoulue une loi qui est loi de l'État, loi suspendue, mais non abrogée, et qui ne le sera pas, nous l'espérons; une loi qui, par sa force virtuelle et le seul effet du silence, a repris son exécution pendant quarante-huit heures, et l'aurait continuée sans conteste, et ce à la satisfaction du plus grand nombre, si une nouvelle mesure suspensive n'était intervenue inopinément.

Examinons cette loi. Après avoir suivi son cours de 1832 à 1846, sans qu'aucune objection, ni réclamation, ni observation se soit élevée sur son principe, elle a été suspendue deux fois dans la période décennale de 1847 à 1857; c'est un des gros griefs que l'on allègue contre elle. La première suspension a eu lieu en 1847 par une loi du 28 janvier, qui édicte que, du jour de sa promulgation jusqu'au 31 juillet de la même année, les grains et farines importés, soit par terre, soit par navires français ou étrangers, sans distinction de provenance, ne seront soumis qu'au minimum des droits déterminés par la loi du 15 avril 1832.

Vous voyez, messieurs, que cette loi suspensive vise la loi principale; mais ce qu'elle ne peut dire, c'est que ce droit minimum était précisément celui que l'on payait depuis quelque temps déjà par le jeu naturel de la loi.

Pourquoi alors la loi suspensive ? pourra-t-on dire. Déjà vous l'avez vu, messieurs, pour assurer au commerce que, jusqu'au 31 juillet, aucune variation des cours n'en amènerait dans le droit; pour supprimer toute différence entre les entrées par terre et par mer; pour donner aux pavillons étrangers les mêmes immunités qu'à notre propre pavillon; pour supprimer toute distinction de provenance, soit de pays de production, soit d'entrepôt.

Plusieurs ordonnances royales, sous les dates des 28, 29 janvier, et une loi du 24 février, pourvoient à des réglementations sur l'exportation des grains et farines de Maïs et de Sarrasin; à la prohibition, toujours jusqu'au 31 juillet, de l'exportation des gruaux et fécules de toute espèce, ainsi que des marrons, des châtaignes et de leurs farines.

Enfin la loi du 24 février accorde à tout pavillon étranger le droit de grand cabotage de la Méditerranée à l'Océan, et réciproquement, pour le transport des grains, farines, légumes, Pommes de terre, etc., etc., toujours jusqu'au 31 juillet.

Une loi du 22 juillet 1847 et trois ordonnances du 27 du même mois prorogent l'effet des mesures déjà citées pour les unes jusqu'au 31 janvier 1848, et pour les autres jusqu'au 31 octobre.

A ces diverses époques, la loi a repris son effet et toute sa force.

Pour vous faire bien apprécier, messieurs, dans quelles dispositions étaient et la commission qui a été chargée de proposer à la chambre l'adoption de ces mesures, et la chambre elle-même qui les a votées, je vais vous lire le passage du rapport qui y a trait :

« La commission que vous avez chargée d'examiner le pro-
« jet de loi sur l'importation des grains étrangers vient vous
« rendre compte du résultat de son examen.

« La loi proposée à votre adoption n'est pas une loi de
« principe; son caractère est purement exceptionnel et

« transitoire, comme le besoin auquel elle est destinée à « pourvoir. Bien arrêtée sur cette pensée, la commission a « dû et voulu éviter tout ce qui pourrait en changer la na- « ture et laisser percer, même par induction, l'idée d'une « atteinte à la législation actuelle, qui, par son jeu naturel, « a amené l'état de choses dont le projet qui vous est soumis « a seulement pour but de fixer la durée jusqu'au 31 juillet « de cette année.

« C'est dans cet esprit, messieurs, que votre commission « a résolu, à l'unanimité, de vous proposer l'adoption du « projet de loi. »

Les conclusions du rapport ont été adoptées par la chambre également à l'unanimité.

Voici les noms des commissaires : MM. Poisat, Clapier (Bouches-du-Rhône), Chégaray, Proa, de Gasparin (Paul), Clappier (Victor), Blanc (Edmond), de Lavergne, Darblay, rapporteur.

Et ce n'est pas la loi, messieurs, qui, en 1846-47, a retenu et retardé les opérations du commerce, c'est la fausse et trompeuse sécurité entretenue depuis trop longtemps et contre toute raison. En 1853, le 18 août, même caractère provisoire donné au décret suspensif ; seulement l'échelle mobile n'avait pas encore supprimé tous droits. Dans deux zones il était près de disparaître ; mais le décret suspensif avait aussi pour effet d'enlever, comme la loi de 47, tous les droits différentiels de pavillon, de cabotage, etc., etc., et de donner à tous les mêmes droits qu'au pavillon national. Il porte la durée de son effet jusqu'au 31 décembre. Cette mesure a été successivement renouvelée et prorogée jusqu'à présent même ; mais la vie, l'existence, la force virtuelle n'a jamais été altérée ; elle s'est manifestée le 1er octobre dernier par le seul fait du silence ; elle a repris toute son autorité ; elle a été exécutée dans tous nos ports ou bureaux de douane pendant quarante-huit heures, et il a fallu un nouveau décret, bien inopportun, pour en suspendre l'effet jusqu'au 30 septembre prochain, époque où personne n'aurait le droit d'en contester l'autorité, si un décret de suspension ou une loi nouvelle ne venait la remplacer ou en atténuer l'effet.

Pourquoi donc toutes ces prophéties de malheur (et d'erreur) dont nous avons entendu la lecture à notre dernière séance? Le voici, messieurs : M. d'Argout était, en 1832, ministre de l'agriculture et du commerce; il avait proposé aux chambres un projet de loi destiné à remplacer celle de 1819, revisée par celles de 1820 et 1821, loi véritablement bien gênante pour le commerce, et qui, en 1820, avait causé beaucoup de ruines; c'est celle-là dont l'expérience avait démontré la gêne et les dangers, mais non celle de 1832. Le projet de M. d'Argout n'avait pas paru bon à la commission de la chambre; elle en avait elle-même conçu et rédigé un autre; de là une lutte vive, ardente entre la commission et le ministre, qui vitupérait avec une énergie un peu sauvage, comme vous avez pu en juger par les lectures que l'on vous a faites, contre l'œuvre de la commission à laquelle la chambre, nonobstant, attacha son vote et en fit la loi du 15 avril 1832, à la grande colère du ministre, auteur tombé, plaideur malheureux, auquel vingt-quatre heures pouvaient bien être données pour maudire ses juges et leur œuvre.

Voilà, messieurs, la suite de l'histoire dont vous n'aviez entendu, à la dernière séance, qu'une partie et sur un seul *son*.

Mais M. d'Argout, qui avait peine à lâcher prise, se réfugia dans la demande que la loi ne fût votée que pour un an et cessât son effet au 31 juillet, si un nouveau vote des chambres ne venait lui donner un caractère permanent.

La commission, bien convaincue qu'aucune des prophéties du ministre ne se réaliserait, s'empressa de lui donner satisfaction et d'adhérer à sa demande; les prévisions de la commission furent justifiées, et, le 26 avril 1833, M. Thiers, qui avait succédé à M. d'Argout dans le ministère de l'agriculture et du commerce, rapporta à la chambre la loi de

1832 : elle fut confirmée et devint loi permanente sans aucune difficulté ni conteste.

Passons maintenant aux autres reproches adressés à la loi.

L'échelle mobile gêne le commerce par ses variations trop fréquentes.

Messieurs, je puis encore comprendre que le commerce, j'entends celui qui, se renfermant dans son égoïsme, n'a d'autre vue que le lucre, sans s'arrêter au bien ou au mal général du pays, puisse faire entendre qu'il serait plus à son aise si toute règle et toute loi étaient supprimées, c'est-à-dire si nous avions le laisser faire et laisser passer dans toute son étendue, sans limites; mais je connais aussi des commerçants qui savent exercer leur industrie sans se trouver empêchés par les variations de l'échelle mobile, et qui les préfèrent à un droit fixe qui, pour être réellement protecteur, non des intérêts proprement dits du cultivateur, mais de la production possible du Blé en France, exigerait d'être porté à un chiffre élevé qui retarderait les demandes du commerce jusqu'au moment où les cours, chez nous, se seraient élevés au taux nécessaire pour couvrir le droit; puis exposés chaque jour, quand les prix s'élèveraient davantage, à voir tout à coup le droit supprimé par une mesure spontanée et imprévue, les uns acquitteraient le droit, les autres attendraient sa suppression; de là, d'une part, des retards dans la mise en consommation, et, de l'autre, des pertes considérables pour ceux qui auraient acquitté le droit la veille. Il y aurait là plus d'incertitude et de dangers que dans les échelons de la loi de 1832, qui préviennent le commerce, éveillent son attention; et, quand tous droits viennent à cesser, c'est par l'effet même de la loi qui a suivi l'élévation des cours, ou, s'il reste quelque chose des droits, ce n'est qu'une partie très-minime, comme nous l'avons vu en 1847 et 1853. Personne n'est surpris, et la loi suspensive vient seulement assurer au commerce un délai pendant lequel il peut opérer avec sécurité; elle y ajoute, suivant les cas et les nécessités, toutes les mesures accessoires que nous avons relatées à propos des lois et décrets de 1847 et 1853. Voilà le rôle de ces lois suspensives, qui ne commence qu'après celui de la loi principale, rempli ou bien près de l'être.

Nous l'avons dit, le droit fixe ne peut qu'être « ou insuf-
« fisant à protéger l'agriculture pendant les prix trop bas,
« amenés par le fait de l'abondance de nos propres récoltes;
« ou trop élevé pour n'être pas nuisible au commerce, et
« plein de danger au moment de la suppression qui arrive-
« rait infailliblement et à la demande de tous, au moment
« où les prix des Blés seraient élevés au taux où la souffrance
« commence ou se fait craindre. »

Nous demandons qu'on le remarque bien. La loi qui présentait au commerce des entraves et des dangers, ce n'est pas celle de 1832, mais celle de 1819, dont les dispositions de l'art. 5 amenaient la prohibition absolue à l'entrée quand le prix du Blé était descendu à un certain taux. Voilà où était le danger réel. Ce danger a été écarté par la loi de 1832 : les ports sont toujours ouverts, mais le droit augmente en suivant les prix décroissants; à moins de liberté entière, il ne peut en être autrement, et c'est là, messieurs, qu'est la véritable question; les uns l'avouent franchement, les autres la tiennent suspendue à leurs lèvres.

Je vais donc examiner les arguments dont on essaye de l'appuyer.

La France, nous dit-on, baignée par deux mers, est admirablement située pour profiter, dans ses ports de la Méditerranée, des arrivages de la mer Noire, de l'Asie Mineure, de l'Égypte, etc., etc., et, par ceux de l'Océan, de la Manche et de la mer du Nord, du marché anglais, maintenant toujours ouvert, dont la Bretagne, notamment, n'est séparée que par deux heures de navigation.

Je crois poser l'argument dans toute sa force.

Et d'abord, je répondrai que la Bretagne, partie intégrante de l'empire français, n'est séparée du reste de la France par aucun bras de mer; qu'elle est reliée à toutes ses parties, ou va bientôt l'être, par des chemins de fer et des canaux qui lui ouvrent tous les jours, à toute heure, le marché français; que pour porter ses grains dans le midi de la France, s'il lui faut un peu plus de temps que pour les porter en Angleterre, elle le fait encore avec plus de sécurité ; et que d'ailleurs, dans notre France, si bien pourvue de communications faciles qui, chaque jour, s'augmentent et se perfectionnent, les grains ne franchissent pas ainsi tout d'un trait les distances du nord ou de l'ouest au midi; c'est de proche en proche qu'ils sont attirés et dirigés là où le besoin et les prix les appellent.

Que ce n'est que par réminiscence d'un temps déjà passé que l'on supposerait que les grains de la Bretagne doivent, pour aller à Port-Vendres, Cette ou Marseille, supporter une navigation longue et périlleuse, en longeant les côtes d'Espagne, passant le détroit, etc.

Comme c'en est une aussi de temps non éloignés, mais bien oubliés, de parler des transports à l'intérieur par rouliers, les quelques localités où cela existe encore étant sur le point d'être atteintes par les chemins de fer. Ce n'est donc pas sur ces usages d'un autre temps que nos lois doivent être basées, mais sur l'état présent des communications et son complément très-prochain.

Que les marchés anglais, que l'on nous représente comme devant toujours être ouverts aux Blés français, ne le seront, au contraire, que très-exceptionnellement ; car ils le sont aux Blés du monde entier, et il sera très-rare que les prix de l'Amérique, de la Baltique et de la mer du Nord, de la mer Noire et de la Méditerranée se rencontrent tous à être simultanément comme ils sont, cette année, à des prix égaux ou même supérieurs à ceux de la France, et ceux-ci à des prix tellement bas que nos Blés puissent être livrés à l'Angleterre, où les prix sont aussi fort réduits. Position très-exceptionnelle que j'ai déjà établie en présence de la Société, et sur laquelle on est revenu dans notre dernière séance, comme si elle constituait un état permanent, et cependant notre collègue lui-même a énoncé que l'Amérique n'avait pu faire aucun envoi en Europe en l'année 1858 ; que la Russie ne récolte qu'une vingtaine de millions d'hectolitres de Blé, etc., toutes énonciations qui tendent à justifier le peu d'introduction de Blés étrangers en France en 1858, et la possibilité d'exporter de France en Angleterre, mais à des prix réduits au-dessous du taux possible pour une production permanente, et qui seraient ruineux pour notre agriculture, si tel devait être l'état de choses durable et constant, puisque le commerce, dont les bénéfices sont très-minimes, ne peut payer aux cultivateurs que des prix de 13 à 14 fr. l'hectolitre, et encore avec des alternatives de cessation complète de toutes expéditions par le rapprochement des prix d'Angleterre et de France tel, que la différence ne pourrait couvrir les frais, état de choses qu'il a fallu subir faute de mieux, mais peu désirable s'il devait être permanent.

Et cependant on insiste et on dit à nos départements maritimes : Prenez garde, si vous laissez entrer les grains de la mer Noire par Marseille, ces grains iront en Angleterre et y feront concurrence aux vôtres. Singulier raisonnement ! Nous savons bien tous que les Blés de la mer Noire arrivent à Marseille à des frets beaucoup plus bas que ceux payés pour les ports anglais; que la longueur de la navigation directe pour ces derniers, et le long séjour des grains dans les navires, les exposent à des dangers d'avaries, d'échauffement et de détérioration beaucoup plus grands que le voyage pour Marseille; que leur concurrence sera d'autant plus pesante. Il est vrai que ce sont les cultures du Midi qui en seront plus directement frappées, et ce serait pour éviter à la Bretagne cette concurrence, atténuée par un accroissement notable de frais, de risques et de dangers, que nous y livrerions le midi et le centre de la France; ces départements du centre, qui sont en voie de progrès, auxquels il en reste tant à faire, et qui vont prendre une nouvelle vie, quand les moyens de déployer tant de richesses, de les faire sortir des entrailles et de la surface de la terre vont être mis à l'unisson du reste de la France !

Et encore cette entrée par Marseille, elle serait, sauf des exceptions de plus en plus rares, continue et croissante, tandis que l'Angleterre sera bien rarement ouverte à nos Blés de la Bretagne.

Croit-on donc que la Bretagne ne sache pas bien que, si les Blés étrangers viennent écraser les prix des cultures du Midi, les produits du Midi remonteront jusqu'à Lyon et la Bourgogne; que ceux du centre de la France, qui ne peuvent manquer de s'accroître si sensiblement, devront se porter sur Paris et son rayon, et vienne l'état de choses le plus ordinaire, celui où l'Angleterre recevra les Blés de la Russie du Nord, de la Baltique, de la mer Noire, de la Méditerranée et de l'Amérique, où la Bretagne et le nord de la France écouleront-ils les leurs?

Faire croire à nos provinces maritimes de l'ouest et du nord que le marché anglais va servir d'écoulement habituel à leurs Blés, c'est un leurre; ils quitteraient la proie pour l'ombre; ou ils exporteraient aux prix ruineux d'aujourd'hui, ou, si les prix devenaient élevés et que les Anglais vinssent pour enlever nos Blés, le gouvernement arrêterait l'exportation, et tous nous le demanderions. Que l'on ne croie pas que c'est là un danger imaginaire.

Si l'Angleterre voyait les prix du Blé s'élever chez elle avant les nôtres ou plus que les nôtres, elle ne manquerait pas, avec les grands capitaux dont elle est pourvue et sa marine si nombreuse, d'enlever, presque spontanément de nos côtes ouest et nord, la partie la plus granifère de la France, des quantités si considérables de Blés, que l'approvisionnement général du pays se trouverait tout à coup gravement compromis et altéré.

C'est en novembre, décembre et janvier que ces enlèvements pourraient avoir lieu; car c'est alors que les récoltes peuvent être appréciées en Angleterre. C'est aussi à cette époque que les mers Blanche, Baltique, Noire sont fermées par les glaces, et que les grands lacs qui portent à New-York les Blés des États de l'ouest de l'Amérique le sont également; quand et comment se ferait le remplacement par les ports de la Méditerranée?

La navigation de la mer Noire, nous venons de le dire, est interrompue tous les hivers, pour un temps plus ou moins long, et ce pourrait n'être qu'aux mois d'avril ou de mai que se feraient les arrivages destinés à remplacer les enlèvements de novembre, décembre et janvier de nos ports toujours ouverts; et pour ce qui est des Blés des ports allemands, de la mer du Nord, ils iraient directement en Angleterre, où il faudrait que nos prix, par suite des enlèvements faits chez nous, eussent dépassé ceux de l'Angleterre.

Et ne croyez pas, messieurs, que ce soient là des suppositions gratuites. En 1846-1847, années où la récolte du Maïs était d'une extrême abondance dans nos départements pyrénéens jusqu'à la Haute-Garonne, abondance que le gouvernement, dans ses calculs optimistes, avait fait entrer en compensation d'une partie du déficit sur les Blés; pendant que les prix de ceux-ci haussaient d'une manière affligeante, ceux des Maïs restaient bas et pouvaient sortir par Bayonne et aussi par Bordeaux, au droit de 13 cent. trois quarts par hectolitre.

L'Angleterre qui avait à ses flancs l'Irlande affamée et sans argent pour se procurer même la nourriture la plus grossière, l'*Angleterre* fit acheter, pour la nourrir, nos Maïs, et déjà l'on commençait à charger, dans le port de Bayonne, des navires anglais, quand des avis de préfets, éveillés par les rumeurs populaires et un commencement d'opposition, appelèrent l'attention du gouvernement sur ce fait, ce qui donna lieu à l'ordonnance du 28 janvier, portant le droit de sortie du Maïs au maximum de l'échelle jusqu'au 31 juillet, ordonnance renouvelée comme les autres déjà rappelées.

L'état social et agricole de cette Irlande a bien changé depuis; une prospérité et une aisance relatives y sont revenues. Si l'on voulait en arguer en faveur du libre échange, je dirais par quelles mesures elles ont été achetées, quelles conséquences imprévues elles ont amenées, et, Dieu merci, la

France n'a pas besoin de ces remèdes; mais, certes, aucun de nous ne voudrait, en aucun cas, les lui voir appliquer.

Vous le voyez, messieurs, toute face a son revers, et pour nous ce sont des avantages bien douteux pour nos provinces de l'ouest et du nord et des dangers bien réels et bien graves pour la France, dont nous voudrions courir les chances hasardeuses sans nécessité aucune, puisque la balance de nos importations et de nos exportations, sauf les quatre années, sans exemple depuis le commencement du siècle, de 1853 à 1856, ne nous donne, depuis 1814, qu'un déficit insignifiant de 6 à 800,000 quintaux métriques par année en moyenne.

De bonnes mesures et de nouveaux efforts de l'agriculture, qui a si prodigieusement augmenté ses produits dans ces quarante dernières années, n'auront pas de peine à couvrir ce léger déficit, si l'on ne vient pas troubler imprudemment sa marche progressive et nous mettre, comme nous voyons un peuple bien intelligent, bien fort et bien riche, dans la nécessité de livrer notre existence à l'incertitude des mers, de la guerre, des rivalités.

A notre tour, nous attendrions la flotte de la mer Noire avec la même anxiété qu'autrefois les Athéniens celle d'Égypte et les Romains celles de Sicile et d'Afrique, quand le peuple, sur le forum, criait : de l'huile et du pain ! L'imitation de l'étranger, et surtout d'un État voisin dont la position est si différente de la nôtre, est véritablement le mal français.

Nous sommes plus sages quand nous conseillons les autres; car à l'Espagne arriérée, qui souvent regorge de grains dans quelques-unes de ses parties, quand la disette exerce dans d'autres ses fléaux, que lui conseillons-nous? Est-ce le libre échange? Non ; nous lui disons : Faites des routes et des chemins de fer; percez vos montagnes, et vous répartirez les richesses de vos provinces suivant les produits et les besoins de chacune, et la fortune de votre sol, que vous avez négligée, quand vous tiriez l'or et l'argent de l'Amérique, renaîtra bien plus sûrement et sans la crainte de voir enlever la flotte qui vous apportait l'aliment de votre trésor, qu'il ne faisait que traverser. J'ai cité l'Espagne, parce que ce pays, son climat, son étendue et sa situation sur les deux mers établissent des points de comparaison avec la France dont les produits si divers offrent tant d'aliments au commerce intérieur ; et nous qui possédons des moyens de communication si prompts et si faciles entre toutes les parties de notre pays, quelle serait donc cette renonciation aux avantages si clairs et si évidents de ce tout, devenu un, uni et si fort, de la France que l'économie politique si opportune et si sage de Turgot a formé? La Bretagne fixerait ses vues et ses espérances sur l'Angleterre dont les ports lui seraient ouverts pour y verser ses grains à des prix ruineux et fermés soit par la concurrence des pays ordinairement exportateurs ou des mesures commandées et salutaires, quand les prix s'élèveraient, et cela au détriment ordinaire, constant, continu des cultures et des intérêts du Midi, qui seraient écrasés par les Blés de la mer Noire et de la Méditerranée. La Bretagne n'a pas et ne peut avoir ces pensées.

« Puisque vous approuvez si haut l'œuvre de Turgot, en-
« levant les douanes et barrières qui divisaient et morce-
« laient les fraudes, et que vous énoncez vous-même que
« cette liberté de circulation des grains à l'intérieur a beau-
« coup contribué à nous épargner les famines qui autrefois
« ont désolé la France, pourquoi n'appliquez-vous pas le
« même principe à la libre entrée, libre sortie, libre circu-
« lation des Blés étrangers? Pour moi, c'est tout un, le prin-
« cipe est le même, nous a dit notre confrère. »

Pour moi, je le confesse bien sincèrement, il n'en est pas ainsi. Quand l'univers formera un tout compacte, dont toutes les parties seront soumises aux mêmes lois, porteront les mêmes charges, seront arrivées au même degré de civilisation, de fortune, de besoins, de jouissances, de liberté, de conditions de travail, j'accepterai cette fraternité universelle; mais comme nous en sommes loin, comme nous avons des peuples neufs à territoires immenses, à conditions de travail entièrement différentes des nôtres, à besoins beaucoup plus restreints, je ne pense pas qu'il soit temps de nous livrer sans défense à un jeu aussi dangereux. Et si, malgré leur science et leur prévoyance, les amis du libre échange venaient à reconnaître qu'ils se sont trompés et nous ont poussés dans une fausse route, le mal serait-il aussi facile à réparer qu'il l'aurait été à produire? Tout le monde, je crois, répondra non; et encore quel besoin, quelle nécessité nous poursuit donc? La France en est-elle où en était l'Angleterre quand M. Peel lui a donné le rappel des *corn-laws?* Nullement. Les récoltes de l'Angleterre étaient devenues si évidemment insuffisantes à nourrir ses populations, que nous voyons, malgré sa récolte extraordinaire en abondance de 1857, suivie d'une bonne récolte aussi en 1858, les importations de grains étrangers croître d'année en année; tandis que chez nous, jusqu'à quatre années exceptionnelles, de 1853 à 1856, la production avait presque balancé la consommation, et qu'il a suffi de l'abondante récolte de 1857, non-seulement pour faire cesser toute cherté, mais pour amener des prix bas que la récolte presque ordinaire de 1858 a encore abaissés, comme nous le voyons aujourd'hui.

Il a encore été énoncé que le droit fixe était pratiqué en Hollande et en Belgique.

De ces deux États, la Hollande n'a jamais eu la prétention d'être un pays granifère : commerçante et navigateur, la Hollande est un *marché* ouvert à tous les pays. L'exiguïté de son territoire bas et humide, son ciel brumeux ne lui permettent pas de varier ses produits; des pâturages, des animaux d'une grande beauté et des marchés à beurre et à fromages, comme nous avons des marchés à Blé, voilà la Hollande agricole. Elle sait appliquer son industrie et chercher son intérêt là où son sol, son climat, sa situation lui indiquent qu'elle doit en retirer des résultats fructueux sans s'occuper des moyens différents auxquels d'autres recourent, et elle a parfaitement raison.

Pour la Belgique, suivant en partie les traces de l'Angleterre, c'est à l'exploitation des mines et des manufactures qu'elle s'adonne particulièrement. Sa population urbaine est considérable relativement à celle des campagnes; son sol est fertile, sa culture bien faite, surtout dans les parties qui touchent nos départements du nord; mais là aussi se trouvent des pâturages, des cultures industrielles de Colza, de Lin, de Houblon; son peu d'étendue la place sous un même climat, une même température; conséquemment, pas d'échanges possibles entre les diverses parties du royaume : peut-on nous proposer en exemple ces deux royaumes?

Nous nous sommes procuré les états de l'importation des Blés et Seigles en Hollande et en Belgique. Nous savons que les Seigles, particulièrement en Hollande, sont, pour la très-majeure partie, destinés à la distillation. Voici pour la Hollande les importations de 1857 :

Blé, par mer.	206,000 hectol.
par fleuves et par terre. . .	312,460
	518,460
Seigle, par mer.	2,154,500
par fleuves et par terre. .	191,440
	2,345,940

Les importations de 1858 ne sont pas connues, la statistique tenue par le ministère des finances n'ayant pas encore été publiée.

En Belgique, les statistiques sont connues plus tôt qu'en Hollande, et voici les chiffres que nous tenons d'Anvers, le 18 de ce mois :

Entrées en 1857, 1,312,912 quintaux de tous grains, dont

Froment.	656,491 quintaux.
Seigle.	55,345
Orge.	509,636
Avoines.	55,867
Farines.	35,573
ÉGAL. . . .	1,312,912

Entrées en 1858, 1,570,879 quintaux, aussi de tous grains, dont

Froment.	710,785 quintaux.
Seigle.	148,741
Orge.	455,474
Avoines.	169,059
Farines.	86,820
ÉGAL. . .	1,570,879

Pour les deux royaumes :

Froment.

En Hollande :	pour 1857.	518,460 qx.
	pour 1858, par approximation.	518,460
En Belgique :	pour 1857.	651,491
	pour 1858.	710,785
Pour les deux années 1857 et 1858. . .		2,399,196
Soit par année.		1,199,098

Notre collègue nous avait dit qu'il était entré 15 millions d'hectolitres en Belgique et en Hollande. Les chiffres que je donne sont certains, sauf 1858 en Hollande, que je n'ai pas reçu et pour laquelle année je reprends le chiffre de 1857.

RUSSIE. Notre collègue, nous donnant le chiffre des *productions* de Blé des divers États de l'Europe, a porté celle des Russies à une vingtaine de millions d'hectolitres. Nous serions bien heureux s'il pouvait nous procurer les documents sur lesquels il appuie cette énonciation. Nous avons fait des recherches, et ce que nous avons pu nous procurer de mieux est un ouvrage estimé, intitulé *Études sur les forces productives de la Russie*, par M. L. DE TEGOBORSKY, conseiller privé et membre du conseil de l'empire de Russie, publié en France en 1854 et 1855.

Cet auteur se livre à des évaluations de récoltes dans chacun des gouvernements de l'empire; puis il fait l'évaluation totale et en porte le montant à 260 millions de tchetwerts (le tchetwert de 1 hectol. 945, tout près de 2 hectol.) (1), soit près de 520 millions environ d'hectolitres, en ne comprenant ni la Finlande ni le royaume de Pologne, dont les douanes sont restées séparées de celles de la Russie jusqu'en 1851; mais il confond dans cette quantité le Froment, le Seigle, l'Orge, l'Avoine, le Sarrasin et même les légumes : il en déduit les quantités nécessaires à l'ensemencement, la consommation intérieure, etc. De sorte qu'il est fort difficile d'arriver à des résultats de rigoureuse exactitude; mais pourtant il met sur la voie en évaluant le Froment et le Seigle

à	49	pour 100 de la masse,
les autres grains à	46	—
les légumes à	5	—
	100	—

les 49 centièmes de 520 millions d'hectolitres donneraient, en Froment et Seigle. . . . . 255 millions;
déduisant, suivant les évaluations de l'auteur,

Pour semence du quart au cinquième. . . . . 58mm suivant qu'il évalue le rendement général, c'est-à-dire du quatrième au cinquième pour un,

La nourriture de 55 millions d'habitants, en 1853, à 3 hectol., presque tout en Seigle. 165mm

Ensemble 223mm à 223 —

Il resterait 32 millions

(1) C'est le tchetwert de Riga qui semble avoir été pris pour base par l'auteur; celui d'Odessa est de 2 hect. 10 lit.

d'hectolitres pour l'exportation, et certes l'évaluation de 3 hectol. par tout individu, hommes, femmes, enfants, est plutôt forcée qu'atténuée.

Mais ce qui est très-précis, c'est, après avoir partagé la période de 1824 à 1853 en trois décades, le paragraphe dont il fait suivre ce tableau :

« On voit, par ces chiffres, que le Froment est le seul grain « dont l'exportation ait soutenu un mouvement fortement « ascensionnel. Elle a augmenté, dans la seconde période, « de plus de 30 pour 100, et, dans la troisième période, de « 116 pour 100 ; et, en comparant la dernière décade avec « la première, il se trouve que l'exportation du Froment a « augmenté de 23,347,962 tchetwerts (46 millions d'hec- « tolitres), ou de 182 pour 100, c'est-à-dire qu'elle a presque « triplé.

« L'exportation de la farine représentait, pendant les « trois périodes décennales, les valeurs suivantes (1) :

« Pendant les années	1824-1833,	2,195,700 roubles.
—	1834-1843,	3,129,700
—	1844-1853,	12,835,000
	Total,	18,160,400

« (72,500,000 fr.), de sorte que la valeur de l'exportation « de la farine a presque sextuplé.

« Ce progrès est très-marquant, en ce qu'il prouve que « notre commerce de grains commence à s'approprier les « avantages et les bénéfices de la conversion des grains en « farine, ce qui est surtout important dans les époques de « disette sur les marchés étrangers, où il s'agit de pourvoir, « avec célérité, aux besoins imminents de la consomma- « tion.

« En 1847, la valeur de l'exportation de la farine s'est « élevée à 5,863,000 de roubles argent. »

(1) Nos états de douane ne donnent les quantités des farines exportées, comme nous l'avons déjà fait observer, qu'à partir de l'année 1847.

Nous ne pouvons trouver l'année 1854 et suivantes, où les Blés jusqu'à 1857-1858 sont restés à des prix très-élevés en France et en Angleterre. Nul doute que les besoins de ces deux grands pays consommateurs n'aient donné un élan nouveau et considérable à la production en Russie, qui paraît toutefois avoir été contrariée par les saisons dans les deux dernières années; mais on peut bien apprécier quel serait l'effet de l'ouverture permanente du marché français en concurrence avec le marché anglais. Notre auteur considère les forces productives de la Russie comme indéfinies, et nous sommes complétement de son avis, quand nous envisageons les conditions actuelles de sa production, ayant pour instruments des serfs plus que désintéressés à l'accroissement des produits; pour directeurs, des grands seigneurs, souvent absents de leurs incommensurables domaines; des parties de l'empire sans moyens de tirer aucun parti des grains, ce qui ressort de la vileté des prix mis en regard de ceux des gouvernements qui se rapprochent de la mer, soit au nord, soit au sud des cultures faites sans aucun soin, sans aucune intelligence, et, avec cela, des parties d'une fertilité pour ainsi dire inépuisable dans l'extrême Orient européen.

Messieurs, cet état de choses est en voie de transformation. Déjà les voies de communication se sont améliorées; les navigations de fleuves presque maritimes, qui couvrent la Russie et que sillonnent des bateaux à vapeur, ont été l'objet des soins du gouvernement; de nombreux canaux ont été ouverts; le traînage, l'hiver, et les chemins de fer, qui sont en voie de construction, vont relier les diverses parties de cet immense empire, réveiller des populations engourdies, dont la liberté va décupler les forces. C'est à l'Occident à ne rien négliger pour contre-balancer le poids que fera peser sur lui l'Orient longtemps endormi.

Messieurs, voici le résumé de tableaux présentant, ainsi que je l'ai annoncé, ces différences si exorbitantes des prix des substances alimentaires entre les différents gouvernements de la Russie et suivant les résultats des récoltes.

Je vous en offre aussi entre les prix de diverses années, et vous reconnaîtrez que ces prix trop hauts et ces prix trop bas, que l'on met sur le compte de la loi de 1832, se présentent partout, même dans les pays qui peuvent produire au delà de leurs besoins.

La Russie elle-même les éprouve, et nous nous rappelons une époque déjà éloignée où elle dut importer des Seigles pour ses provinces du nord ! Telle est la force de l'influence des saisons, bien supérieure à tous les efforts des cultivateurs et des législateurs.

Voici les tableaux que nous extrayons de l'ouvrage de M. de Tegoborsky :

« Quoi qu'il en soit, ce tableau, même avec ses lacunes, « peut jeter quelque lumière sur la question dont il s'a- « git (1).

« On voit d'abord que les prix ont varié selon les gouver- « nements et les résultats des récoltes :

« Pour le *Seigle*, de 90 kopecks à 11 roubles 7 kopecks « le tchetwert (de 4 à 45 francs les 2 hectolitres);

« Pour le *Froment*, de 2 roubles 19 kopecks à 13 roubles « (de 8 fr. 80 c. à 52 fr. les 2 hectolitres);

« Pour le *gruau*, de 1 rouble 60 kopecks à 12 roubles « 60 kopecks (de 6 fr. 40 c. à 50 fr. 50 c.);

« Pour l'*Avoine*, de 79 kopecks à 5 roubles 70 kopecks « (de 3 fr. 20 c. à 22 fr. 80 c. toujours les 2 hectolitres).

« Ainsi la différence des prix était, pour le Seigle, comme « 1 est à 11; pour le Froment, comme 1 est à 6; pour le « gruau, comme 1 est à 8; et pour l'Avoine, comme 1 est « à 7.

« Des variations aussi extraordinaires n'ont lieu dans au-

(1) « Nous prions le lecteur de ne pas perdre de vue, en examinant ce « tableau, que la moyenne des prix, qui y est indiquée pour chaque es- « pèce de grains, n'est pas tirée de la comparaison des prix les plus élevés « et les plus bas, mais de la supputation de tous les prix du marché pen- « dant l'espace de quatre ans. »

« cun autre pays, et il est à remarquer que la plus grande diffé-
« rence des prix porte sur le Seigle, dont la culture est plus
« répandue en Russie que celle de tous les autres grains, et
« qui constitue la principale nourriture du peuple, ce qui
« fait que la baisse de cet article est très-ruineuse pour le
« producteur, tandis qu'une hausse excessive des prix est
« une calamité pour le plus grand nombre des consom-
« mateurs. »

Voilà les variations de prix dans la productive Russie. On voit à quels prix les grains sont produits dans certaines provinces et quel sera leur effet quand les voies de communication, dont le gouvernement s'occupe avec tant de sollicitude, permettront de faire arriver les grains aux points d'embarquement.

Prix maximum et minimum du Froment et du Seigle, de 1846 à 1849.

ANNÉES.	DÉNOMINATION des gouvernements.	MAXIMUM du prix par tchew. (1) roubles (1) kop.	DÉNOMINATION des gouvernements.	MAXIMUM du prix par tchew. roubles kop.
	FROMENT.			
1846	Wilna et Grodna..	11,12	Saratow.........	2,18
1847	Courlande........	13,82	Orenbourg......	2,20
1848	*Ibid*...............	10,42	*Ibid*............	2,40
1849	Wilna.............	11,00	*Ibid*............	3,00
	Moyenne..	11,50	Moyenne..	2,44 1/2
	SEIGLE.			
1846	Livonie...........	7,54	Orenbourg.....	1,29
1847	Courlande........	11,07	*Ibid*............	1,16
1848	Livonie...........	6,90	*Ibid*............	1,07
1849	Saint-Pétersbourg.	6,49	Loursk et Penza.	1,80
	Moyenne..	8,00	Moyenne..	1,44

(1) Le tchetwert, 1 hectol. 945 ; le rouble d'argent, 4 fr. ; le kopeck, 100 pour 1 rouble ou 4 centimes le kopeck.

Je crois aussi pouvoir vous montrer que la libre Angleterre n'échappe pas à cette loi générale, et les sept dernières années en font foi; voici le prix :

1853	Janvier. . . .	39 schell.	0 d.	le quarter.
	Mai.	39 »	0 »	
	Juillet, août, sept.	53 »	0 »	
1854	moyenne. . . .	72 »	5 »	
1855	id. . . .	74 »	8 »	
1856	id. . . .	69 »	2 »	
1857	id. . . .	56 »	8 »	
1858	id. . . .	50 à 42 schell.		
1859	1ers mois, moyenne	44 à 40 »		

Des plus hauts aux plus bas, c'est-à dire 39 schell. en 1853 et 40 au retour de la baisse en 1859 à 72 schell. 5 d. et 74 schell. 8 d. en 1854 et 1855, il y a la différence de près du simple au double, et traduisant le quarter en 2 hectol. 90 litres et le schelling en 1 fr. 25, nous trouvons que l'hectolitre est passé de . . . . 17 fr. en 1853,
en 1855, à. . . . . 32 fr.
et revenu, en mars 1859, à. . . 18 fr.

Nous avons fait tous nos efforts pour nous procurer et vous apporter des chiffres vrais, certains et officiels toutes les fois que nous l'avons pu; des renseignements les plus récents, car le temps marche vite, et notamment à notre époque où de si grands changements s'opèrent avec tant de rapidité; aussi avons-nous été dans le cas de nous éclairer par de nouveaux documents sur l'état actuel de l'agriculture en Angleterre, Écosse et Irlande.

Ce n'est pas du premier coup d'œil que l'on peut bien définir les effets produits sur l'agriculture anglaise par le rappel pes *corn-laws*, et encore, après l'examen, reste-t-il beaucoup d'incertitude.

Le premier effet a été la stupeur. Les fermiers ou demandaient une notable diminution des prix des baux, ou offraient de les rendre et de laisser les fermes aux propriétaires; mais le gouvernement anglais, ayant à sa tête M. Peel, grand ministre, qui avait vivement combattu la mesure en 1842 et quitté le ministère, ne voulant pas s'en rendre responsable; puis, après l'impuissance démontrée de lord John Russel à en former un qui consentît à l'appuyer, M. Peel ayant bien médité sur les nécessités de son pays, dont la population manufacturière et industrielle s'était si considérablement accrue dans les derniers temps; sur l'impuissance du sol anglais, comme de la population agricole de l'Angleterre à pourvoir aux besoins toujours croissants de substances alimentaires; à la nécessité pressante de sacrifier l'une ou l'autre des industries, et se disant bien que l'Angleterre ne voudrait et ne pourrait, à aucun prix, laisser affaiblir sa suprématie maritime et commerciale, fit violence aux sentiments de toute sa vie, rejeta sa bonne et grande réputation de grand homme d'État conservateur, et, cédant à la nécessité tout en en prévoyant les conséquences, sacrifia les intérêts agricoles; mais, en homme plein d'habileté, de sens et de résolution, il atténua le coup par tous les moyens que l'état du pays lui offrait.

Ainsi on changea la loi des pauvres et l'on soulagea les fermiers, en même temps, d'une charge pécuniaire et aussi de celle qui résultait de recevoir, dans les fermes, les ouvriers sans travail des manufactures dans les temps de crise et de chômage, et des fainéants qui, en tous temps, venaient demander refuge à la commune et qui tombaient à la charge des fermiers. A une dîme qui était prélevée sur le produit brut des terres fut substitué un payement en argent.

Un fonds considérable fut voté et mis à la disposition des fermiers pour le drainage, qui fut pratiqué en grand et avec succès, notamment sur les terrains bas et marécageux, qui furent conquis à l'agriculture.

D'autres fonds pour prêts à intérêts modérés furent encore mis à la disposition de l'agriculture, pour augmenter son capital roulant, qui s'est trouvé généralement porté de 500 à 1,000 francs par hectare.

Au moyen de ce capital, les fermiers purent acheter partout des engrais pour ajouter à ceux de la ferme : les os qui ont été recherchés dans toute l'Allemagne et ont été chargés à Hambourg en si prodigieuses quantités pendant plusieurs années, les phosphates qu'ils ont découverts chez eux, mais bien au-dessus encore le guano qu'ils ont introduit et introduisent annuellement en si grandes quantités.

Cette matière fertilisante est mise à leur disposition à bien meilleur marché que nous ne l'obtenons en France.

L'Angleterre est créancière du Pérou, et un traité passé entre les deux gouvernements stipule que le Pérou payera l'intérêt de sa dette au moyen de ses livraisons de guano.

Les états constatent que l'Angleterre lève, pour sa part, aux îles Chincha, huit fois au moins ce que la France en reçoit pour un territoire double en étendue. Les baux, en Angleterre, sont plus longs qu'en France; quinze ans est la moyenne. Il n'est pas rare qu'il s'en fasse de vingt et un ans, surtout pour des fermes importantes, Il y a aussi des fermes tenues à l'année et sans baux, et cependant les familles y restent de père en fils pendant des temps extrêmement longs.

Au reste, il n'est pas facile de bien connaître les prix des baux en Angleterre. Les rapports des tenanciers avec le *landlord* sont bien différents de ceux des fermiers à propriétaire en France; les immenses fortunes des grands seigneurs anglais qui possèdent la majeure partie des terres, l'influence qu'ils désirent conserver sur leurs tenanciers les rendent faciles et généreux, et des remises sont faites bien fréquemment sur les fermages; leurs générosités leur sont payées en reconnaissance et influence.

Enfin, depuis le milieu de 1853 jusque vers la fin de 1857, les prix des Blés et de la viande ont été élevés ; cette circonstance, survenue après les améliorations opérées sur les terres, ainsi que je l'ai exposé, a mis une grande aisance dans la culture anglaise. Comment s'arrangera-t-elle des bas prix actuels?

Il n'en est pas moins vrai que les terres hautes et peu productives ont dû être mises en pâturage; ce qui tend naturellement, avec toutes les améliorations que j'ai déjà indiquées, à élever le produit moyen des terres restées affectées à la culture du Blé, et aussi à diminuer la population agricole. Ce peut être un système anglais, je ne pense pas que ce doive être un système français; nous allons le trouver bien plus frappant encore en Irlande.

Ici la question se complique encore davantage. En 1847, la misère était arrivée, dans le pays, à son point culminant : la population n'était plus ni logée, ni habillée, ni nourrie; il fallait que l'Angleterre prît un parti.

Des sommes considérables, 200 millions, je crois, furent votées pour nourrir l'Irlande, et comment? Nous ne le répéterons pas : un million d'habitants périrent de faim et de misère.

A cette époque, la terre était divisée à tel point par les fermiers et sous-fermiers des grandes terres, que beaucoup de familles étaient réduites à la culture d'une acre, répondant à notre arpent de 42 ares de terre, pour subvenir à leurs besoins.

La Pomme de terre était devenue la seule culture possible; et comment se faisait-elle? Par des gens qui ne pouvaient entretenir de bestiaux ni acheter des engrais.

La plupart des propriétés étaient grevées d'hypothèques, et les propriétaires ne pouvaient dégager, ni améliorer, ni même entretenir leurs biens.

Il fallut qu'un bill ordonnât la vente de tous les biens grevés. Il fut exécuté et s'exécute encore.

Les biens passèrent en mains de gens riches, presque tous des industriels, dont les fortunes ont été si rapides et si grandes dans les vingt dernières années, qui supprimèrent toutes les petites locations, agglomérèrent les terres, reformèrent des fermes.

L'émigration soulagea le pays de toute cette malheureuse population expulsée de ces petits fermages; enfin 2,200,000 sont morts ou ont quitté leur patrie.

Les nouveaux fermiers ont apporté, dans la culture de ces terres, de grands changements.

Celle des Pommes de terre a été considérablement réduite.

Dans beaucoup de parties de l'Irlande, le Blé mûrit difficilement; l'Avoine seule y donne des récoltes sûres et satisfaisantes.

Les terres à Blé, si fautives, ont été transformées en prairies. L'industrie de l'élève et de l'engraissement du bétail s'est répandue et a ramené l'aisance.

Dans les premières années, la récolte des céréales se trouva réduite des deux tiers en Irlande; elle l'est encore de moitié, et c'est l'Avoine qui entre pour la plus grande part. C'est donc cette céréale et la prairie qui forment aujourd'hui le fond de la culture irlandaise, et l'Irlande, au lieu de Pommes de terre, consomme du pain provenant de Blés importés.

De quel prix ce changement a-t-il été payé? Un million d'habitants sont morts de faim et de misère en 1846 et 1847.

Onze à douze cent mille ont abandonné leur terre natale; cette dépopulation a élargi le cercle des cultures et donné un certain degré d'aisance au pays; mais combien il est difficile de prévoir tous les effets de semblables mesures. La population fourmillante et misérable de l'Irlande était une pépinière toujours prête à fournir au recrutement des armées de terre et de mer de l'Angleterre; aujourd'hui, plus clairsemée et plus aisée, le recrutement n'y trouve plus son aliment, et, s'il y était réglé par un bill, on pense qu'il donnerait une nouvelle impulsion à l'émigration.

Laissons à l'Angleterre son état social; il n'est pas le nôtre, j'oserai dire, Dieu merci! Qui pourrait penser, en France, à des mesures comme celles que je viens de rapporter pour l'Irlande? L'Angleterre, avec sa fortune, cède à des nécessités dont nous sommes exempts; ne l'imitons pas, afin de ne pas les faire naître; elles seraient pires encore chez nous; car nous ne sommes ni aussi riches qu'eux ni les maîtres des mers.

Mais on nous offre de remplacer dans nos champs la culture du Blé par celle de la Vigne; c'est au midi que l'on donne ce conseil; on ne sait donc pas que, même dans ce midi de la France, il y a des parties considérables de terres à Blé qui, malgré un soleil favorable, ne peuvent être transformées en Vigne. Toutes les plaines du haut Roussillon, le Lauraguais, la Haute-Garonne, si riches en céréales, ont toujours résisté au succès de la Vigne. Et d'ailleurs, n'avons-nous pas déjà assez déplacé la Vigne? N'est-elle pas assez descendue dans la plaine pour y fournir des vins de basse qualité?

Serions-nous bien tranquilles, quand les récoltes de Blés seraient insuffisantes, d'avoir à offrir des vins pour échange, et surtout de ces mauvais vins de plaines? Seraient-ils acceptés? Non, nous épuiserions nos finances, comme nous avons fait dans toutes les circonstances de cherté et d'exportation, qui seraient plus fréquentes et plus considérables à mesure que nous remplacerions nos cultures de Blé contre toutes autres.

On nous dit aussi : Faites des prés. Je serais plus disposé à accepter ce conseil que l'autre; car il ne nous détourne pas de notre but : la production des matières nutritives; mais y a-t-il une quantité notable de terrains susceptibles d'être mis en prairies permanentes qui n'y soient pas déjà? Le haut prix de la viande, depuis un certain nombre d'années, et le bas prix actuel des Blés, ont naturellement porté nos cultivateurs à faire de l'herbe; ce sont surtout des prairies artificielles : celles-ci font partie des assolements, et, loin d'être permanentes, elles ne peuvent pas revenir dans les mêmes terres à des époques rapprochées, sans risquer de voir la terre les refuser.

Il ne faut pas nous comparer, pour les prairies permanentes, à l'Irlande ; son climat est tout différent du nôtre, sauf les provinces de l'ouest depuis la Vendée, l'Aunis, la Bretagne, la Normandie et quelques-unes du centre, comme le Limousin, l'Auvergne, le Nivernais, le Bourbonnais, qui possèdent des prairies ou pâturages plus ou moins riches et sur lesquels on peut compter sans craindre les déceptions que pourtant elles éprouvent aussi dans des années de sécheresse exceptionnelle. Notre climat est généralement sec, et beaucoup de nos terres ne pourraient recevoir de prairies, à moins de posséder des moyens de les irriguer, ce dont on s'est trop peu occupé jusqu'ici.

Dans le Midi, pas d'herbe sans eau, et dans le reste de la France, les terrains médiocres, que l'on transformerait en prairies, ne donneraient que de bien maigres pâturages, si l'on ne pouvait aussi y pratiquer l'irrigation.

Mais que gagnerions-nous à cette transformation? Si les récoltes de Blé y sont minces, les pâturages le seraient encore davantage, et souvent ils seraient nuls quand viendrait la saison d'été. Que faire alors du bétail? Ce que nous voyons depuis deux ans : le conduire moitié gras, moitié maigre au marché, ou bien maigre à la foire.

Et puis, sous le rapport de l'alimentation générale, un hectare qui, en trois ans, aurait donné deux récoltes, l'une de 12 hectolitres de Blé, l'autre de 18 hectolitres d'Avoine, n'aurait-il pas produit autant et plus de nourriture pour les hommes et les animaux que le maigre pâturage n'aurait pu fournir à l'élève du bétail, qui le rendrait en viande; je dis l'élève, car l'engraissement serait impossible dans ces pâturages.

Encore ne suffit-il pas qu'il procure un pâturage incertain depuis le mois de mai ou de juin, suivant la précocité des années, jusqu'à la fin de novembre; il faut aussi qu'il fournisse la nourriture de l'hiver. Quand l'hectare aurait élevé un veau de l'âge de trois mois à celui de trois ans, je crois que c'est estimé sans égard aux chances de manque total. A cet âge, abattra-t-on ce veau? Nous entrons ici dans la discussion des races, de leur précocité; nous nous éloignerions de notre sujet. Je dis que le jeune bœuf ou vache de petite race, comme le sol le comportera, vaudra.. . . 200 francs.

Les 12 hect. de Blé, à 20 fr., en produiront 240 —

Les 18 — d'Avoine, à 7 fr., — 126 —

Il y aura les frais de culture, de semence à déduire; mais vous aurez eu aussi de la paille, 3 à 4,000 kilos de celle de Blé, et 2,500 à 3,000 kilos de celle d'Avoine, qui auront également servi partie à la nourriture du bétail, partie pour être convertie en fumier et être rendue à la terre, condition indispensable du maintien de la fertilité : car, employé chichement, l'état de médiocre produit se continue; abondamment, il s'élève successivement. Si la terre en est privée, elle devient totalement improductive.

Que l'on demande aux vieux États de l'Amérique du Nord à quel point d'infertilité ils ont amené leurs terres, en leur demandant toujours sans leur rien rendre; mais ils ont des terrains neufs à exploiter pour des siècles; ils s'en procurent en refoulant les anciens possesseurs du pays, et nous, nous sommes renfermés étroitement dans nos limites, sans pouvoir aucunement nous étendre. Nous sommes peu colonisateurs; nos populations n'émigrent pas, elles tiennent à leur sol natal, au village de la famille : ne tendons pas à changer les mœurs, peut-être avons-nous trop appelé dans les villes les ouvriers de nos campagnes. En changeant nos champs de Blé en champs de pâturages, nous en diminuons la population et nous avons vu l'effet produit en Irlande : plus de recrutement. Nous savons bien où est la pépinière de nos braves soldats, de ceux qui font la force et la sécurité de la France. Mais, revenons à nos pensées agricoles : chaque hectolitre de Blé que vous supprimez vous prive, en moyenne, de 4,000 kilos de paille, et la culture qui le remplacerait en exigerait, ce qui fait double privation pour la reproduction du Blé.

Ne forçons rien, messieurs, tirons le meilleur parti possible de ce que nous avons dans l'intérêt de la sécurité et de la force du pays ; ne mettons pas nos idées, souvent si hasardées, si souvent trompées par l'événement, à la place de ce que nous avons, de ce dont nous ne nous sommes pas mal trouvés depuis quarante ans, et que nous pouvons améliorer suivant ce qui s'est produit déjà.

Messieurs, nous sommes tous ici mus par un même sentiment ; nous cherchons tous le bien du pays, seulement nous ne l'envisageons pas sous un même aspect. Deux opinions sont en présence :

La conservation et l'amélioration de ce qui est, en profitant de l'expérience acquise et des changements qui ont eu lieu.

Et le libre échange, principe de philosophie générale, qui remplacerait par une abstraction la juste et saine observation et appréciation des faits, des lieux, des temps et des circonstances, véritable base de l'économie politique des hommes d'État dignes de ce nom, le libre échange n'est pas encore applicable à notre temps ; que les siècles en amènent la possibilité par la fraternité universelle, je veux bien en faire le vœu, mais non l'expérience sur notre époque : lui-même en a le sentiment, car il s'est présenté ici d'abord franchement et carrément ; puis il s'est effacé pour prendre, sous le titre de droit fixe, l'apparence de la protection et s'est transformé en droit fiscal ; mais notre collègue, dans sa loyauté, nous a fait connaître assez de fois sa pensée pour que personne ne puisse s'y méprendre.

Laissons à un pays qui est devenu riche et puissant plus que tous les autres, en suivant, pendant cent vingt ans, avec une rigueur extrême, le système que nous n'avons inauguré qu'il y a quarante et quelques années, à choisir ou à subir un système tout opposé que sa grande fortune, sa puissance maritime, ses nombreuses et riches colonies, l'immensité de sa clientèle commerciale et de ses moyens d'échange peuvent lui rendre supportable et même profitable, s'il parvenait à le faire adopter aux autres moins bien préparés et pourvus que lui pour soutenir un si grand changement.

Continuons nos efforts dans la sphère de nos travaux agricoles pour accroître nos produits qui ont été si prodigieusement accrus depuis quarante ans, puisque nous sommes passés de 60 à 100 millions d'hectolitres, tandis que la population de la France ne s'est élevée que de 32 à 36 millions d'habitants. Que le gouvernement n'hésite pas de venir en aide à nos efforts.

Il l'a fait déjà par la loi du drainage, mais les retards dans son exécution en ont fait manquer, ou tout au moins en ont retardé l'effet; on a laissé échapper l'opportunité;

Par la mesure administrative et municipale d'un approvisionnement de réserve chez les boulangers; mais l'entrée des grains étrangers, laissée libre comme en temps de cherté et de disette, en a annulé complétement l'effet; on n'en a eu d'autre que de favoriser cette introduction inopportune et de procurer à nos capitaux un écoulement vers l'étranger;

Par la mise, à la disposition des cultivateurs, de l'argent à un intérêt analogue à celui auquel le commerce et l'industrie se le procurent, comme c'est son désir et comme on s'en occupe aujourd'hui; mais si, en enlevant à l'agriculture les protections qui lui sont nécessaires, on la met dans le cas de ne produire qu'à perte, qui voudra verser ses fonds dans une entreprise partie gouvernementale, partie philanthropique, ou, plus justement, patriotique, mais partie aussi financière, puisqu'il faut que les actionnaires et les capitaux y viennent? les capitaux et les actionnaires y feront défaut;

Par la mise, à la portée de l'agriculture, des engrais supplétifs de ceux fabriqués à la ferme, et notamment du guano, qui a si puissamment aidé les cultivateurs anglais à supporter le coup que leur avait porté le rappel des *corn-laws* et que nous voyons introduit, en Angleterre, dans la proportion de 8 contre 1 en France, pour un territoire d'une étendue moitié moindre;

Par la retenue, chez nous, des tourteaux oléagineux qui rendraient à la terre ce que les produits en graines lui enlèvent; et tous autres que sa sagesse et sa prévoyance lui suggéreront, afin de mettre les cultivateurs français à même de produire plus et d'offrir leurs produits à moindres prix; ils pourront y pourvoir, puisque déjà ils livrent, en supportant des frais de toute nature, doubles de ce qu'ils étaient il y a quarante ans, une quantité de 100 millions d'hectolitres au lieu de 60 aux mêmes prix qu'à cette époque antérieure de quarante années. Rien ne justifierait donc des mesures nouvelles, ni des essais hasardeux.

C'est pourquoi nous avons l'honneur de proposer au vote de la Société :

« 1° Que le principe de la loi de 1832 soit conservé;

« 2° Que ces détails, en ce qui concerne les zones, les marchés régulateurs et les prix-limites, soient revisés et mis en harmonie avec les changements apportés, depuis 1832, dans la viabilité intérieure de la France et celle même des pays d'exportation;

« 3° Que les progrès faits par l'agriculture sont des gages de ceux qu'elle fera, et que la concordance heureuse des produits de nos récoltes avec les besoins de nos consommations n'appelle pas de changement dans le principe de la loi;

« 4° Que de bonnes mesures administratives, telles que celles que nous avons rapportées, prises et exécutées fermement et opportunément, peuvent aider puissamment à l'effet de la loi. »

M. de Lavergne demande que la parole lui soit donnée dans la prochaine séance pour répondre à M. Darblay. En attendant, il croit utile de donner lecture des lignes suivantes extraites de son ouvrage sur l'économie rurale de l'Angleterre, et d'où il résulte que, dans l'opinion qu'il a émise, il ne s'agit nullement, comme on l'a dit, de réduire la production du Blé en France, mais de l'accroître :

« Du reste, si j'ai dû raconter ce qui s'est passé, en Angleterre, depuis 1847, il ne faut pas en conclure qu'une révolution du même genre me paraisse désirable ou même possible en France. Nous sommes dans des conditions différentes sous tous les rapports. Il ne peut être question, chez nous, d'établir le bon marché des subsistances; nous l'avons, puisque l'Angleterre, malgré tous ses efforts, n'a pas pu descendre plus bas que les plus élevés de nos prix courants, et, sur la moitié du territoire, nous ne l'avons que trop. Il ne faut pas confondre les pays riches et peuplés à l'excès avec ceux qui ne le sont pas; les besoins des uns ne sont pas du tout ceux des autres. Nous ne ressemblons pas à l'Angleterre de 1846, mais à l'Angleterre de 1800. Ce n'est pas la production qui manque chez nous à la consommation, c'est encore la consommation qui, dans la moitié de la France du moins, manque à la production. Au lieu de voir partout le Blé à 25 fr. l'hectolitre et la viande à 1 fr. 25 le kilog., nous avons des pays entiers où le producteur n'obtient guère de ses denrées plus de la moitié de ces prix. Pour ceux-là, ce n'est pas la baisse qu'il leur faut, mais la hausse; ils sont encore bien loin du temps où ils pourront souffrir de l'excès de demande des denrées agricoles et de l'élévation des prix.

« Mais il ne faut pas non plus s'imaginer que l'échelle mobile sur les céréales et les droits exorbitants sur les bestiaux étrangers puissent avoir, en France, une utilité quelconque. En fait, ces droits n'ont été, jusqu'ici d'aucun effet pour relever les prix; ils ont plutôt contribué à les abattre en arrêtant l'essor du commerce. L'agriculture française, qui s'est crue protégée, ne l'était pas et ne pouvait pas l'être; ses propres prix ne la mettaient que trop à l'abri de la concurrence étrangère. Ce n'est donc pas sur des combinaisons de douane, mais sur l'augmentation de la consommation intérieure par le progrès des communications et des échanges, et, à quelques égards, sur l'exportation, qu'elle doit compter pour mieux vendre ses produits. »

SÉANCE DU 30 MARS 1859.

L'ordre du jour appelle la reprise de la discussion sur la question du commerce des grains.

La parole est à M. Pommier.

L'honorable membre dit que les termes des propositions présentées par MM. de Lavergne et Darblay l'ont confirmé dans l'opinion où il était qu'on est d'accord sur un point essentiel, à savoir qu'une bonne législation sur les céréales doit permettre à l'agriculture de prendre tout son développement, au commerce toute son activité, donner aux consommateurs et à l'État toute confiance et toute sécurité; il se demande si la loi qu'on possède remplit ces conditions. « La question, au surplus, dit-il, n'est pas nouvelle. L'échelle mobile existe depuis trente-huit ans; on peut donc la juger par ses actes et voir si elle a atteint le but qu'on s'était proposé. On peut la séparer pour son action en différentes époques :

de 1819 à 1832,
de 1832 à 1849,

et enfin de 1849 à l'époque actuelle. »

Pendant la première période, la prohibition de l'importation et de l'exportation était, en quelque sorte, la règle; l'expérience en a démontré le danger. Ainsi, en 1821, les Blés d'automne avaient subi un hiver rigoureux. On remarquait, dans beaucoup de champs, des places entières dégarnies. Des maisons de Paris achetèrent de notables quantités de grain à l'étranger; puis survint un printemps favorable; les récoltes redevinrent belles. Il en résulta une baisse. L'entrée des grains ne fut plus permise, et ces maisons éprouvèrent des pertes désastreuses. Cette législation barbare, dit l'honorable membre, a cependant duré treize ans; en 1832, elle fut remplacée par des droits variables. Depuis 1849 les circonstances ont bien changé. Tous les Etats de l'Europe occidentale ont abandonné le système des droits variables. L'entrée et la sortie y sont libres sous des droits modérés.

Les droits d'entrée sont :

En Angleterre, 44 c. par hectolitre;

En Belgique, 50 c. par quintal métrique;

Zollverein, 46 c. par hectolitre;

En Autriche, 47 c. —

En Toscane, 50 c. —

En Hollande, 50 c. —

En Piémont, 50 c. par quintal métrique.

L'honorable membre présente un tableau de l'échelle mobile pendant trente-huit ans; il indique les bas prix auxquels se sont vendus les Blés pendant dix-huit années, et il en tire cette conclusion que, pendant ces dix-huit années, l'échelle mobile n'a pu protéger l'agriculture et ne lui a pas donné de prix rémunérateurs. M. Pommier va plus loin et dit qu'elle a été préjudiciable à l'agriculture. Ainsi, chaque fois que le Blé s'élevait à 19 fr. 01 c. dans la quatrième classe, l'exportation était frappée des droits prohibitifs; dès lors le cultivateur ne pouvait profiter de l'élévation des cours : il n'était donc pas protégé. En outre, comme la loi de l'échelle mobile soumet les droits sur les menus grains aux oscillations du prix du Froment, il est arrivé souvent que l'Avoine, la Jarosse, les Fèves, etc., dont les prix étaient assez bas, malgré l'élévation du cours du Blé, ne pouvaient s'exporter. — Nouveau préjudice pour le cultivateur.

Enfin, lorsque l'importation est subitement permise aux petits droits, de nombreux achats de Blé se font simultanément au dehors; mais souvent il y a de longs retards dans les arrivages. En 1847, 7,264,973 hectolitres, plus de la moitié de l'importation, sont arrivés intempestivement; il est resté des masses sur le marché. Dans ces circonstances les prix baissent rapidement; de là, dommage évident pour l'agriculture.

M. Pommier examine si l'échelle mobile a été favorable au commerce. On a dit, il est vrai, qu'elle n'avait pas été faite pour le commerce; cependant il est certain que les intérêts commerciaux sont liés à ceux de l'agriculture. C'est donc une chose fâcheuse, sous un double rapport, de gêner ainsi ses opérations. Pourquoi cette méfiance contre le commerce? Si on lui permet d'importer ou d'exporter, il n'agit pas en aveugle et ne le fait qu'en temps opportun. C'est pour le nivellement des prix le meilleur de tous les régulateurs.

Quant aux consommateurs, la loi, suivant l'honorable membre, loin de leur être favorable, leur a été souvent nuisible. Lorsqu'elle suspend les opérations commerciales, le travail aussi est interrompu et les ouvriers sont dans la gêne.

Pour ce qui concerne l'État, on sait que, lorsqu'il y a des crises, l'échelle mobile est suspendue; donc le gouvernement n'y a pas grande confiance. Des crises financières très-alarmantes ont souvent été la conséquence de ces énormes et intempestives importations.

Maintenant, quelle législation substituera-t-on à la législation actuelle? On consent, il est vrai, à modifier profondément la loi, mais on veut en conserver la base, c'est-à-dire la variabilité des droits; or c'est là, dit M. Pommier, le vice radical, et en conséquence il la repousse. Il demande que l'importation et l'exportation soient toujours permises avec des droits fixes et modérés. Il n'ignore pas que l'opposition est grande contre cette liberté d'importation et d'exportation; aussi ne veut-il pas faire triompher un principe à tout prix. Il admet les transitions, mais il croit le moment arrivé d'appliquer cette liberté; il faut se poser sur le terrain des faits. Nous ne sommes plus en 1832 ni en 1845, mais en 1859. Or, dans l'état actuel, comme l'a déjà exposé l'honorable membre, la législation étrangère a été changée. L'importation se fait sur une grande échelle, tant en Angleterre que dans les autres pays de l'Europe occidentale; elle s'est élevée, en 1858, à 40 millions d'hectolitres, dont près de 33 millions en Angleterre. De son côté, la France a exporté 8,319,000 hectol. de tous grains, dont 6,374,000 h. de Blé et farines de Blé, et 1,954,000 h. pour les autres grains.

M. Pommier cherche ensuite à justifier sir Robert Peel du

reproche d'avoir déserté ses opinions premières et celles de son parti. « Robert Peel, dit l'honorable membre, a été un grand ministre qui a su doter son pays d'une liberté de plus au moment opportun. »

Il passe ensuite à la question de savoir (le système qu'il défend étant admis) quels droits on adoptera. M. de Lavergne demande 1 fr. 25 c. par quintal métrique. M. Pommier ne demande que 50 c. pour tous les grains; 1 fr. pour la farine et 10 c. pour la sortie des grains et farines. «Le droit à l'importation ne doit pas, dit-il, avoir un caractère protecteur. Si vous mettez un droit trop fort, les Blés étrangers ne viendront pas chez vous et vous exporterez d'autant moins. Dans les moments de cherté, le gouvernement suspendra les droits. On a dit qu'à Odessa et à Dantzick les Blés tombaient à des prix très-bas, à 8 fr. en moyenne; mais on se place ainsi sur le terrain des faits passés. Nous ne sommes plus en 1836 et 1840. A cette époque, tous les ports de l'Europe occidentale étaient fermés quand le Blé était à bon marché dans l'intérieur. Les négociants d'Odessa, forcés de faire des frais d'emmagasinage et de conservation, incertains de l'époque à laquelle ils pourraient vendre, ne pouvaient acheter qu'à vil prix. Aujourd'hui la situation n'est plus la même; tous les ports de l'Europe occidentale reçoivent continuellement des Blés, et les prix des marchés importateurs font les prix d'Odessa et de Dantzick.» M. Pommier ne craint donc pas les bas prix d'Odessa, attendu qu'ils se régleront sur ceux de l'Angleterre; quand les Blés seront à 20 fr. à Londres, ils ne tomberont pas à 10 fr. à Odessa.

L'honorable membre examine la situation de la Russie; il rappelle le travail qu'il a présenté, il y a quelques années, à la Société, sur les exportations de ce pays depuis 1814. Cette exportation était divisée en cinq périodes, dont il reproduit les chiffres. Il en résulte que le taux moyen de ces exportations, de 1814 à 1853, a été, pour le Froment, de 3,800,000 hectol. Or ce chiffre n'a rien d'effrayant si on le rapproche des 20,000,000 d'hectolitres du Froment que demande, chaque année, l'Europe occidentale.

M. Pommier présente ensuite un tableau des prix de transport d'Odessa en France; il fait observer qu'en 1853 le fret a varié de 2 fr. 37 c. à 11 fr. 63 c. par hectolitre.

Quant à l'objection qu'on a tirée de l'éventualité d'une guerre, c'est un état exceptionnel dont l'honorable membre ne croit pas devoir s'occuper. La guerre, d'ailleurs, n'influerait pas, suivant lui, sur le prix des grains en France; elle pourrait influer sur l'approvisionnement de l'Angleterre, qui a besoin de Blés étrangers pour vivre : chez nous, l'impulsion donnée à la production des céréales, par suite de la libre exportation, nous assurerait des approvisionnements suffisants.

On a dit encore que, si on laisse librement exporter, le sol s'épuisera comme dans quelques États de l'Amérique. M. Pommier ne craint pas cet inconvénient et développe son opinion.

Revenant aux modifications à apporter à la législation, il demande que la France ne soit plus divisée en quatre classes et en huit sections, comme elle l'était par le fait de l'*échelle mobile*; qu'elle ne forme plus désormais qu'une seule classe, et que le même droit fixe soit applicable à toutes les localités. Les réclamations à cet égard ne peuvent venir que du Midi, notamment de la Provence et du département du Gard; mais les prix des Blés de cette provenance sont de 22 à 23 francs l'hectolitre à Marseille, tandis que les Blés de Bourgogne y sont de 18 fr. 25 c. à 18 fr. 45 c. Demandera-t-on contre les Blés de la Bourgogne l'application d'une échelle mobile? Le haut Languedoc a toujours voulu former une classe à part; ce pays produit, il est vrai, beaucoup de Blé, mais il a, pour l'écouler, le bas Languedoc d'un côté et Bordeaux de l'autre. Par ce dernier port, il peut profiter de la libre exportation. « Je ne sais pas, dit M. Pommier, s'il serait possible de lui assurer un prix rémunérateur; mais, s'il voulait améliorer sa culture et choisir des variétés meilleures, il ne craindrait plus aucune concurrence. »

En résumé, l'honorable membre appuie la proposition de

M. de Lavergne, sauf le léger changement de droits. Quant à celle de M. Darblay, il est évident qu'il la repousse en principe; il est cependant d'accord sur quelques points avec son honorable collègue. Ainsi, pour l'abolition des droits sur l'importation du guano, il s'associe complétement à son opinion; il en est de même quant à la faveur que le gouvernement accorde au drainage. Il demande aussi qu'on abolisse les droits sur les canaux et qu'on s'efforce d'améliorer la navigation des rivières.

Il y a un point que M. Pommier ne comprend pas bien dans les propositions de M. Darblay; c'est le vœu en faveur de l'abaissement du prix des tourteaux, résidus des huileries. On demande qu'on ne permette pas d'exporter les tourteaux; mais, si vous faites baisser le prix de ces résidus, le fabricant d'huile fera son calcul et achètera le Colza moins cher. Ainsi, en définitive, c'est le cultivateur, producteur de Colza, qui subira la perte, et vous aurez gêné le commerce sans aucun profit pour l'agriculture.

« Il ne se fait plus, dans le commerce du monde, dit, en terminant, M. Pommier, de révolutions isolées; or la révolution sur le commerce des grains a eu lieu dans la plus grande partie de l'Europe occidentale.

« L'intérêt de la France, a-t-il été dit avec raison, est par-
« tout où il y a une cause civilisatrice à faire prévaloir. »

Quand nous avons un déficit dans nos récoltes, nous demandons aux étrangers de le combler; et quand les étrangers, à leur tour, manquent de Blé, refuserions-nous d'aller à leur secours? La Société centrale d'agriculture ne consentira pas, j'en ai la conviction, à recommander un système qui conduirait à de pareilles conséquences.

M. Moll a la parole; il dit d'abord qu'il y a une fâcheuse disposition dans le caractère national, c'est cette tendance à accepter avec un enthousiasme irréfléchi les systèmes nouveaux, à en attendre toujours beaucoup au delà de ce qu'ils peuvent donner, et, s'ils ne répondent pas à toutes les espérances conçues, d'être aussi ardent à les frapper de réprobation dans leur principe et dans leurs applications qu'on l'avait été à les adopter. L'honorable membre croit que la circonstance actuelle en offre un exemple ; il est d'avis que l'échelle mobile, ayant pour base la variabilité du droit, est un système très-*rationnel* : on l'a surchargée de trop de détails, et il en est résulté des gênes pour le commerce. On attendait de l'échelle mobile de merveilleux résultats, et, comme elle n'a pas produit tout le bien qu'on espérait, elle est aujourd'hui attaquée non-seulement par le commerce et les économistes, mais aussi par un certain nombre d'agriculteurs. M. Moll ne persiste pas moins à croire que le principe de la loi est bon. Il serait très-fâcheux, suivant lui, au lieu de chercher à l'améliorer dans son application, d'opérer une véritable révolution, comme le demandent MM. de Lavergne et Pommier, dont il repousse formellement les propositions.

Il ne se dissimule pas, du reste, qu'en cette circonstance l'agriculture se trouve en présence de rudes adversaires. Ils possèdent un élément puissant en France, c'est l'art de manier la parole. — Les économistes aiment certainement l'agriculture, mais ils ont un si vif amour pour la liberté, que cela nuit à celui dont ils sont animés pour l'industrie rurale. La liberté est, certes, une grande et belle chose ; toutefois on doit reconnaître qu'il y a plusieurs sortes de libertés. Supposez, en effet, qu'on propose de supprimer tout d'un coup les sergents de ville et autres moyens de répression analogues ; avec une certaine facilité de parole, on pourrait appuyer la proposition et tracer un tableau séduisant de l'état de liberté qui en résulterait. Malgré cela, M. Moll pense que ses collègues ne voudraient pas d'une telle liberté ; or celle que les économistes offrent à l'agriculture en est un peu parente ; M. Moll craint que ce ne soit la liberté de nous laisser appauvrir par les étrangers.

Outre leur amour pour la liberté, les économistes en ont un autre qui nuit également à leur affection pour l'agriculture, c'est leur amour pour le consommateur. M. Moll partagerait peut-être ce sentiment, mais leur consommateur ne fait que *consommer;* or, celui-là, M. Moll ne le connaît pas, et dès lors il ne peut l'aimer. Le consommateur qu'il connaît *produit*, ou est intéressé dans la production; il accepte volontiers une réduction de prix sur les objets qu'il consomme, mais à la condition qu'on ne touchera pas à ce qu'il produit; si bien qu'en fin de compte il y a unanimité pour repousser le libre échange. Il en a été ainsi de l'agriculture lorsqu'on est venu l'engager à réclamer la libre entrée du fer à la condition de la libre entrée des produits agricoles; elle a vu le danger, elle s'est abstenue.

Il est vrai qu'on a changé ici de tactique; si on demande la suppression de l'échelle mobile, c'est au nom de l'intérêt agricole même. On dit, pour appuyer cette étrange proposition, que la France est le plus grand producteur de Blé, et M. Moll le reconnaît; mais on ajoute qu'elle n'a pas à redouter la concurrence, et c'est ce qu'il ne peut admettre; il croit qu'on prend ici de simples désirs pour la réalité. Sur quoi, en effet, se fonde-t-on? sur ce que la France, dit-on, produit le Blé à meilleur marché que l'étranger. Cette assertion est grave, ce serait là un fait immense qui résoudrait à lui seul toute la question. Avant de lancer cette affirmation, nos adversaires ont-ils fait, dans toute la France, des relevés exacts des frais et produits de la culture du Blé? M. Moll ne le suppose pas; il y a mieux, les producteurs eux-mêmes savent à peine ce que leur coûte le Blé. On reconnaît seulement que le prix est *rémunérateur* quand, pendant plusieurs années où il a régné, il y a eu de l'aisance chez les cultivateurs; quand, au contraire, il y a de la gêne, c'est que le prix n'est pas rémunérateur.

Le prix moyen préférable est 18 ou 20 fr.; or, à ce prix-là, voit-on faire de grandes fortunes agricoles, se lance-t-on avec ardeur dans la carrière de l'industrie rurale? Voyez, au contraire, la dépopulation des campagnes. Est-ce un indice que l'agriculture soit une si belle carrière?

M. de Lavergne a dit qu'il était grave d'accuser les droits de douane d'influer sur le prix des denrées; mais qui a commencé à attribuer aux lois de douane une si grande influence sur le prix des produits? N'est-ce pas le libre échange? Un des chefs de l'école n'a-t-il pas dit un jour, devant un nombreux auditoire, que, si la viande était aussi chère en France, cela tenait aux droits de douane, et que quarante mille grands propriétaires mettaient le pays à la diète? On remarque, au surplus, des variations singulières chez nos adversaires. *Avant* la suppression du droit, on lui attribue une influence immense; *après* la suppression, on le proclame complétement inefficace. Le commerce marseillais, qui sait prévoir, ne partageait pas cette dernière opinion; il admettait si bien que l'échelle mobile devait augmenter le prix des grains, que, dans la prévision de son rétablissement, il avait fait d'énormes commandes, et aujourd'hui il subit de graves mécomptes.

M. de Lavergne a assimilé les douanes *intérieures* aux douanes *extérieures*. M. Moll ne comprend pas cette assimilation. Les douanes sont des entraves. Pourquoi entraver le commerce intérieur? Pour empêcher qu'une province ne s'enrichisse aux dépens de l'autre. Mais ces provinces ne font-elles pas partie du même état? Que fait à celui-ci que l'une progresse au détriment de l'autre si l'ensemble gagne? Citons, par analogie, ce qui a eu lieu pour les bestiaux. Avant 1789, la Normandie fournissait à peu près exclusivement le marché de Paris de bêtes grasses. Aujourd'hui cinquante ou soixante départements prennent part à l'approvisionnement de la capitale. Or, en 1789, les herbages du pays d'Auge avaient la même valeur qu'aujourd'hui, ils ont même plutôt un peu diminué; tandis que, dans les autres départements, les terres ont doublé, triplé et même décuplé de valeur.

Quant au gouvernement français, ces différences lui importent peu; ce qu'il perd d'un côté, il le gagne amplement de l'autre. Si la richesse générale du pays augmente, il est évident qu'il y a progrès. Mais supposez que la Normandie eût été la France entière, que les départements qui lui font concurrence eussent été l'étranger, en aurait-il été de même? En quoi lui aurait profité la richesse acquise à nos dépens par l'étranger? Donc il n'y a pas d'assimilation à établir entre les douanes *intérieures* et les douanes *extérieures*.

« Un des arguments les plus fréquemment employés dans la question qui nous occupe, dit M. Moll, est emprunté au remarquable ouvrage de notre collègue, M. de Lavergne, sur l'Angleterre. Dans le préambule de cet ouvrage, M. de Lavergne, comparant la France à l'Angleterre, assure que non-seulement le climat de l'Angleterre est moins favorable que celui de la France, mais que son sol même est inférieur au nôtre. La question n'est pas de savoir ce qu'était primitivement le sol de l'Angleterre, mais de savoir si, de 1846 à 1849, époque de la suppression de l'échelle mobile, le terrain de l'Angleterre est plus ou moins riche que celui de la France, voilà la question. Or on sait que le produit moyen des récoltes de l'Angleterre était, à cette époque, très-supérieur à notre moyenne actuelle; donc le sol de la France est très-inférieur à ce qu'était celui de l'Angleterre en 1846. Quant au climat, M. de Lavergne n'a raison qu'*à demi*. Il est certain que le climat de la France est *plus* favorable à la production des grains, mais qu'il l'est *moins* pour les fourrages : or on sait que les récoltes fourragères exercent une immense influence sur le prix de revient du Blé et des autres produits agricoles; on en a la preuve convaincante dans ce fait que le Midi tout entier ne peut produire le Blé au même prix que le Nord. Pourquoi? Parce que le fourrage y est d'une production plus chère et plus difficile. L'irrigation peut sans doute y suppléer, mais elle entraîne de fortes dépenses, et l'on manque de capitaux. En général, ajoute M. Moll, on peut dire que le climat français est plus favorable à la culture riche, intensive, faite avec de grands moyens; que le climat anglais est, au contraire, mieux approprié à une culture simple, extensive, économique. Or l'agriculture anglaise est riche et l'agriculture française est pauvre. Il n'y a pas jusqu'aux bâtiments de ferme qui, par suite du climat, ne soient un objet d'économie pour les Anglais, de dépense pour nous. En Angleterre, point de bergeries ; de simples hangars pour les bœufs et les vaches. En France, quelle somme énorme dépensée pour loger ces animaux! Il a donc été plus facile à l'Angleterre, indépendamment de sa puissance financière, de supporter la concurrence qu'il ne le serait pour nous, et cependant, quand le libre échange fut proclamé dans ce pays, il produisit, dans le public agricole, une véritable stupeur. Les comtés agricoles, le Kent, le Norfolk, etc., étaient dans la détresse. L'aristocratie territoriale anglaise montra, dans cette circonstance, une grande générosité : il est vrai qu'elle y avait son intérêt ; elle se trouvait en présence d'une menace générale d'émigration, et les possesseurs du sol n'ont pas hésité à faire les plus grands sacrifices. Les propriétaires du sol français pourraient-ils faire de même? — Le fait sur lequel s'appuient les libres échangistes pour prétendre que la suppression de l'échelle mobile est dans l'intérêt de l'agriculture, c'est la possibilité d'exporter notre excédant en Angleterre. Cette exportation est, à leurs yeux, un puissant moyen de nous enrichir.

Il est à remarquer, d'abord, que l'échelle mobile, convenablement modifiée, n'exclurait nullement l'exportation dans les circonstances où elle peut avoir lieu ; ensuite, que l'Angleterre, recevant sans droits les Blés du monde entier, ne peut admettre les nôtres qu'à des prix très-bas, 13, 14, 16 fr. au plus, prix ruineux pour les producteurs et qui s'abaisseront probablement encore lorsque le chemin de fer de Moscou à Odessa aura facilité les transports, et que les progrès de l'état social et de la culture auront développé la production dans cette immense contrée.

Du reste, ajoute l'honorable membre, cette circonstance est heureuse, car ce serait une calamité pour la France si elle essayait de se faire pays exportateur du Blé. Toutes les contrées, dans l'antiquité comme dans les temps modernes, qui se sont livrées en grand à cette spéculation ont marché à la ruine. La Sicile, l'Afrique, ces anciens greniers de Rome, et les États riverains de l'Atlantique, aux États-Unis, en sont les preuves palpables.

Pour comprendre ce fait, il faut se rappeler que, contrairement à ce qui se passe dans toutes les autres industries, l'agriculture est obligée de produire non-seulement des denrées de vente, mais encore sa propre matière première. Que l'on consacre à la production de cette dernière, c'est-à-dire de l'engrais, une trop faible partie des forces actives, et il en résultera fatalement une stérilité croissante, et des récoltes qui ne payeront plus les frais. Si ce fait s'est produit dans des pays à sol primitivement riche, comme ensuite aux États-Unis, à plus forte raison aura-t-il lieu en France, où le sol est loin d'offrir la même richesse. »

M. Moll cite, à cette occasion, ce fait statistique consigné dans l'ouvrage de Royer; à savoir que le domaine agricole de la France, se décompose ainsi : deux douzièmes sont consacrés aux plantes améliorantes, cinq douzièmes aux plantes épuisantes, et cinq douzièmes à la jachère ou sont incultes. La jachère, en France, ajoute l'honorable membre, occupe 5 à 6 millions d'hectares, et ce chiffre représente l'énorme proportion de fumier qui nous manque.

La France admettant la libre entrée des grains, l'étendue consacrée à la culture du Blé diminuerait probablement. Les pays étrangers seraient obligés de nourrir une partie de la France, comme ils nourrissent aujourd'hui une partie de l'Angleterre, et le prix des grains augmenterait chez eux.

En résumé, M. Moll désire voir sanctionner par la Société ce principe, *que les droits fiscaux, si l'on veut absolument des droits fiscaux, doivent être variables, et que cette variabilité sera même profitable à l'État.*

Il présente des développements à l'appui de cette opinion, et termine en exprimant le vœu qu'on réclame l'intervention de l'État pour les grandes améliorations agricoles : irrigations, reboisements, endiguement, crédit agricole, etc.

« Qu'on dote la France, dit-il, de ces utiles mesures, et alors, mais seulement alors, elle pourra braver la concurrence. »

SÉANCE DU 6 AVRIL 1859.

M. le comte de Kergorlay a la parole.

L'honorable membre commence par exprimer le regret de ne pouvoir développer son opinion sans froisser les systèmes, les sentiments, les préjugés d'une partie des agriculteurs devant qui et pour qui il prend la parole ; il proteste que la plus constante préoccupation de sa vie a été de rechercher les moyens de développer les ressources de notre agriculture et de contribuer à sa prospérité. Il y a trente-cinq ans, son père, alors député, prit une part considérable au premier essai de liberté de la boucherie obtenu de M. de Belleyme, alors préfet de police. L'honorable membre, quoique très-jeune encore, ne resta pas étranger à ces démarches.

Après un certain temps il se trouva à la tête de l'administration des hospices; il se plaça sur le terrain de la liberté, qui seul peut concilier, suivant lui, les intérêts des producteurs et des consommateurs, et qui résout avec le même succès toutes les questions économiques.

Avant d'entrer dans le fond de la discussion, M. de Kergorlay croit devoir présenter une observation préjudicielle sur la manière dont sont rédigées les deux propositions de MM. de Lavergne et Darblay.

Celle de M. de Lavergne est claire, nette, simple dans ses termes; elle exprime toute la pensée de l'auteur ; on sait parfaitement ce qu'il demande ; on ne peut avoir aucun doute sur ses opinions.

La rédaction de M. Darblay est-elle aussi claire?

A la première de ses conclusions, dit M. de Kergorlay, on le croirait.

Elle porte, en effet, « que le principe de la loi actuelle « non abrogée doit être conservé. »

Mais, à la seconde, on voit que M. Darblay demande « que la loi soit revisée dans ses bases et dans ses détails, pour les mettre en harmonie avec les changements apportés dans la viabilité intérieure, etc., etc. »

Ici M. de Kergorlay ne comprend plus; il ne saisit pas bien ce que peut être un principe non accompagné des bases à l'aide desquelles il doit être mis en action.

Il y a trois parties dans l'échelle mobile :

Les zones,
Les tarifs,
Les marchés régulateurs.

On veut diminuer le nombre des zones, le chiffre des tarifs, le nombre des marchés régulateurs.

On dit que les marchés régulateurs ne sont pas bien choisis. Mais il est à remarquer que ces marchés trouveront toujours des défenseurs et des patrons; le besoin d'être protégé est général en France et très-profondément enraciné, et il n'y a pas un marché régulateur, si peu important qu'il soit, qui ne trouve ses partisans.

L'honorable membre aurait attendu de M. Darblay, comme négociant, comme homme politique, comme agriculteur, un exposé précis des modifications qu'il désirait voir apporter à la loi, des bases et des détails qu'il désirerait y voir introduire. En l'absence de ces indications, il lui est impossible d'accepter sa proposition.

Enfin, entrant dans le fond même de la question, il dit qu'il essayera de démontrer que l'échelle mobile n'a réalisé aucune des promesses qu'elle avait faites, et qu'au contraire elle a offert de graves dangers, parce qu'il est dans sa nature de donner lieu à des spéculations à la hausse et à la baisse qui aggravent et prolongent les crises au détriment des producteurs et des consommateurs.

Puis cherchant le système qui peut la remplacer, après avoir entendu MM. Darblay et Moll, il espère pouvoir démontrer que l'exportation, établie sur une large base, présentera de grands avantages, et que, d'un autre côté, l'importation n'offrira pas de dangers.

Les discours prononcés par les deux honorables collègues que M. de Kergorlay combat en ce moment renferment, dit-il, peu de chiffres et de faits. Ils se sont souvent lancés dans des hypothèses auxquelles l'honorable membre essayera de répondre par des chiffres.

L'échelle mobile n'a empêché ni les baisses ni les hausses brusques et nombreuses.

Le *Constitutionnel* d'une part, et M. Moll de l'autre, ont proclamé que, sur 39 années, l'échelle mobile avait donné

19 années de bas prix,
9 de hauts prix
et 11 de moyens, c'est-à-dire bons.

Ainsi donc, seulement onze années de prix satisfaisants, c'est-à-dire moins du tiers.

M. Casimir Périer, dans une brochure récente, cherche à affaiblir ce résultat en disant « que, de 1836 à 1845, il n'y a « eu de différence que 6 fr. 12 c. » Mais pourquoi M. Périer a-t-il pris cette période? Sans doute pour les besoins de sa cause. M. de Kergorlay a procédé autrement; il a consulté un travail consciencieux et complet de M. Foubert, chef du bureau des subsistances au ministère de l'agriculture. Il y a trouvé que, de 1850 à 1857, il y avait eu 16 fr. d'écart, savoir :

En 1850, 14 fr. 32 c.;
En 1856, 30 75

et que, de 1840 à 1849, il y a eu 13 fr. 64 c. d'écart, savoir :

En 1847, 29 fr. 01 c.
En 1849, 15 37

De pareilles différences sont énormes, et un système de législation qui peut produire d'aussi fortes crises est condamné d'avance.

L'honorable membre sait bien qu'on ne peut espérer obtenir des prix immuables, mais il pense qu'il est très-possible de réduire les limites de pareilles variations.

La base de l'échelle mobile est un établissement de marchés régulateurs; or on a remarqué que les prix des marchés régulateurs sont souvent fort différents des prix généraux résultant des mercuriales.

A l'appui de cette observation, M. de Kergorlay lit le passage suivant du rapport présenté à l'Empereur par M. Rouher, ministre de l'agriculture, du commerce et des travaux publics, et dont le conseil d'État a été saisi, sur les questions relatives à la législation des céréales :

« Les termes extrêmes de ces prix-limites sont, en effet, comme on l'a vu plus haut, 19 fr. 01 cent. et 28 fr. 01 cent., c'est-à-dire qu'à 19 francs et au-dessous l'exportation est libre partout, et qu'à 28 fr. 01 cent. l'importation est entièrement libre aussi sur tous les points de la frontière. La moyenne est donc 23 fr. 51 cent., et elle est sensiblement plus élevée que la moyenne des prix généraux, qui n'a été que de 19 fr. 95 cent. depuis 1820, et de 20 fr. 54 cent. depuis 1832.

« Si l'on examine une à une les différentes classes et sections, on observe, pour chacune d'elles, des résultats différents, mais qui n'en établissent pas moins, la plupart du temps, le défaut d'harmonie qui existe entre les faits constatés, depuis 1832, par les documents officiels et les données qui ont servi de base aux prescriptions de la loi.

« Dans la première classe (départements du midi) la moyenne des prix généraux a été, de 1832 à 1857, de

23 francs, tandis que les prix-limites y sont, pour l'importation complétement libre, de 28 fr. 01 cent., et, pour l'importation par navires français, de 26 fr. 01 cent., et le prix-limite au-dessous duquel l'exportation reste complétement libre est de 25 francs.

« En sorte que, en thèse générale, l'importation se trouve entravée dans des contrées où l'intérêt bien entendu de la consommation exigerait qu'elle fût favorisée, et l'exportation se trouve, au contraire, habituellement permise, alors que, dans le système sur lequel repose la législation, elle devrait être l'exception.

« En comparant les moyennes des prix régulateurs avec les moyennes des prix généraux, on peut constater :

« Que les prix régulateurs sont généralement moins élevés que les prix généraux dans les deux premières classes (sud, sud-ouest, sud-est et est), et qu'ils entravent ainsi, plus longtemps, l'importation dans les contrées où elle est le plus nécessaire. Ainsi, dans la première classe le prix moyen général, de 1832 à 1857, a été de 23 francs, tandis que la moyenne des prix régulateurs a été, pour la même période, de 21 fr. 50 cent.

« Que les prix régulateurs se balancent, à peu de chose près, avec les prix généraux dans la troisième classe (littoral du Rhin, du nord et de l'Océan), celle où, précisément, les prix-limites de l'échelle mobile sont le mieux en rapport avec les prix réels.

« Qu'enfin les prix régulateurs sont généralement plus élevés que les prix généraux dans la quatrième classe, principalement dans la deuxième section (Bretagne), et qu'ils entravent, par conséquent, plus longtemps l'exportation dans des contrées où il importe de la favoriser pour permettre d'écouler l'excédant de la production. Ainsi, dans la deuxième section de la quatrième classe, le prix moyen général, de 1832 à 1857, a été de 19 francs, tandis que la moyenne des prix régulateurs a été, pour la même période, de 19 fr. 65 cent.

« Il est vrai que, dans ce dernier cas, la différence est minime; mais il est à remarquer, cependant, que le prix de 19 francs comporte l'exportation au simple droit de balance, tandis que le prix de 19 fr. 65 cent. entraîne un droit de sortie de 2 francs par hectolitre. »

Voilà donc, dit l'honorable membre, une deuxième conséquence fâcheuse du système de l'échelle mobile.

Il y en a une troisième, c'est qu'elle a donné lieu à des spéculations qui favorisent la hausse et la baisse.

Est-il possible à deux ou trois maisons de commerce de Marseille de faire venir des quantités considérables de Blés d'Odessa au moment où on commence à prévoir une récolte insuffisante, et si les prix des marchés régulateurs ne sont pas encore assez élevés pour permettre l'entrée de ces Blés à des prix modérés au moment de leur arrivée en entrepôt, de peser sur ces marchés et d'élever les cours pour faire admettre leurs Blés; puis de faire retomber les prix pour empêcher d'autres négociants d'en faire entrer jusqu'à ce que les leurs soient écoulés?

Sur d'autres places de commerce, au centre de pays de grande culture, dans une année où, après la floraison, les Blés viennent à *se harper*, le négociant achète *à livrer* de très-grandes quantités de Blé livrables en octobre, novembre et décembre. Le rendement est médiocre. Pour fournir la livraison du premier tiers, le cultivateur est obligé de battre près de la moitié de sa récolte; pour fournir le second tiers, il épuise presque sa moisson; pour fournir le troisième, il est obligé d'en racheter au mois de décembre, à l'époque où ordinairement les cultivateurs en vendent de grandes quantités pour payer leurs fermages de Noël. La panique se répand; les vendeurs se retirent du marché pour attendre que la hausse ait atteint son *maximum*. Les petits acheteurs s'y précipitent en foule, pour faire leurs provisions personnelles; le marché est ébranlé, la hausse fait des progrès immenses, car elle ne pourrait être combattue que par les Blés étrangers qui ne pourront arriver avant deux mois et demi ou trois mois. Avant ce moment, le négociant prudent a pu réaliser, avec 4 ou 5 fr. de bénéfice par hectolitre, la vente de la plus grande partie des Blés qu'il a achetés au début de la spéculation. D'honorables négociants ont comparu à l'enquête, et ont déclaré que ces spéculations étaient possibles; qu'ils les avaient pratiquées avec succès et y avaient fait de grandes fortunes. On comprend, ajoute M. de Kergorlay, qu'une pareille législation effraye beaucoup de négociants et ne soit exaltée que par ceux qui ont su s'en servir avec succès.

L'échelle mobile nuit également à l'exportation. Lorsque les prix ne sont pas très-bas, personne n'ose exporter. Le négociant prudent, en présence de tarifs qui changent tous les mois, craint les accidents (de hasard ou factices). S'il fait un marché *à livrer*, qui l'assure que, au moment de livrer, le prix n'aura pas monté de manière à empêcher l'exportation, ou à la rendre très-onéreuse? On est donc obligé d'attendre l'époque où la baisse est très-considérable. Voilà pourquoi nous n'exportons qu'au prix de 14 ou 15 fr. Si on n'avait pas ces craintes, il est évident qu'on ferait des achats à des prix plus élevés pour l'exportation. Si nous n'avions pas d'échelle mobile, nous pourrions exporter à 18 et 20 fr., puisque le prix moyen de vente en Angleterre, de 1850 à 1858, est de 23 fr. 58 c., et qu'une marge de 3 fr. suffit pour donner lieu à des exportations.

L'échelle mobile trouve donc encore ici sa condamnation.

La plupart des pays de l'Europe ont essayé de notre système d'échelle mobile et l'ont abandonné. Il n'y a que les États romains qui le conservent encore. Est-ce là que la France doit chercher des exemples à imiter?

Ici l'orateur examine ce que l'on pourra substituer à ce régime.

MM. Darblay et Moll ont dit qu'il ne fallait pas compter sur l'exportation pour nous procurer de grands avantages. M. Darblay a ajouté que l'exportation en Angleterre était un *leurre* auquel nous ne devions pas nous laisser prendre, mais il a oublié d'appuyer cette assertion par des chiffres, et M. de Kergorlay peut, au contraire, lui en opposer.

Depuis le mois d'octobre 1857, c'est-à-dire depuis environ quinze mois, on a exporté en Angleterre 9 millions d'hectolitres à 15 fr., c'est-à-dire pour une valeur de 135 millions de francs. — Si une masse de Blés représentant 135 millions de francs était restée sur notre marché intérieur, il est à croire que la situation se serait bien aggravée, relativement à ce qu'elle est aujourd'hui.

Ce prix de 15 fr. est-il donc ruineux pour les agriculteurs? Il ne l'est pas du moins pour ceux chez qui le prix de revient est de 10 à 12 fr.

Quant à cette question du prix de revient, M. de Kergorlay n'entreprendra pas de la traiter, et encore moins de la résoudre; cependant il dira qu'il a vu des agriculteurs chez qui ce prix se tient au-dessous de 15 fr. Il cite notamment M. d'Herlincourt, qui lui a dit, en 1857, qu'il produisait son Blé à raison de 10 fr. MM. de Gasparin et Lecouteux ont écrit que le prix de revient pouvait descendre à 8 fr., ce qui n'a peut-être pas encore eu lieu dans la pratique, mais ce qui est donné au moins comme possible. Dans tous les cas, on peut reconnaître que ce prix de 15 fr. n'est pas ruineux pour tous les agriculteurs.

M. Darblay a dit encore que l'exportation en Angleterre ne serait qu'*exceptionnelle*, attendu que son marché est ouvert au monde entier. A ceci on peut répondre par des chiffres.

En 1849, l'Angleterre a importé :

De Russie.	1,741,029	hectol.
Des États-Unis. . . .	1,789,679	—
Et de France. . . .	2,151,866	—

En 1850 :

De Russie.	1,851,977	hectol.

Des États-Unis. . . .	1,557,387	—
Et de France. . . .	3,320,923	—

Autant que de la Russie et des États-Unis ensemble

En 1851 :

De Russie.	2,029,836	hectol.
Des États-Unis. . . .	2,644,379	—
Et de France. . . .	3,460,955	—

Pour 1858, nous n'avons pas encore le chiffre exact de la France; mais il a dépassé 6 millions d'hectolitres, et est de beaucoup supérieur aux importations de la Russie et des États-Unis.

Est-il assez évident que le marché anglais nons est assuré, et que les Blés français sont recherchés de préférence?

L'Angleterre achète douze millions d'hectolitres de Blé tous les ans. Nous sommes donc libres d'y placer pour notre compte telle quantité que nous voudrons. C'est donc un débouché permanent, certain, de 6 ou 8 millions au moins, tous les ans. On a cherché, dit M. de Kergorlay, à établir des greniers de réserve; mais n'est-ce pas là pour nous la meilleure de toutes les réserves?

Avant que se fussent produits les faits d'exportation qui viennent d'être rapportés, personne ne les avait prévus.

A quoi doit-on les attribuer?

L'honorable membre croit qu'ils sont dus, au moins en partie, à la qualité des Blés français.

A cette occasion, il rappelle qu'en 1851 il représentait la France à l'Exposition universelle de Londres dans la section des substances alimentaires du jury international, et qu'il eut la satisfaction de contribuer à faire décerner la grande médaille d'honneur des farines au nom de Darblay.

On reconnut unanimement, alors, la qualité des farines françaises, mais aussi des Blés dont elles provenaient. On reconnut la supériorité des Blés français sur les Blés anglais, russes, et sur ceux des États-Unis, auxquels ils peuvent même donner du corps.

Mais, a-t-on dit, si nous nous livrons à l'exportation, ne pourrions-nous pas au moins éviter l'importation? L'honorable membre ne fera pas ici de théorie; il restera sur le terrain de la pratique, et examinera si l'importation provenant des pays étrangers peut présenter des dangers; il croit que ceux qu'on a signalés sont purement imaginaires. — En quoi, en effet, pourraient-ils consister? Dans les quantités ou dans les prix.

Voyons pour les quantités.

M. Darblay a cité la Russie et a présenté le chiffre formidable *de* **520** *millions* d'hectolitres.

Mais il convient de remarquer, d'abord, que ce chiffre comprend les menus grains, grenailles, les Pois chiches et autres graines légumineuses, pour environ 51 pour 100. Ensuite il y a le prélèvement pour la nourriture des paysans, pour les ensemencements; on arrive, après ces déductions, à 28 ou 30 millions d'hectolitres. Or dans ce chiffre le Seigle entre à peu près pour les trois quarts. Il ne reste donc guère que 6 ou 7 millions pour l'exportation.

Ce résultat s'accorde d'ailleurs, fait observer M. de Kergorlay, avec ceux fournis par M. Pommier, qui donne en chiffres ronds les moyennes suivantes des exportations pour tous pays :

A partir de 1831, 3,700,000 hectolitres; de 1847 à 1852, 4,300,000 et 6,300,000; de 1853 à 1858, 3,980,000.

Moyenne générale, 3,800,000.

Voyons maintenant pour les prix.

M. Darblay a parlé de 4 fr. 40 c. l'hectolitre. C'est très-bas, en effet; mais c'est aux frontières de la Sibérie, à Saratof, à Oldenbourg, très-loin des ports : donc ces prix n'ont rien de redoutable. — L'honorable membre sait bien qu'on a dit que les prix étaient les mêmes aux ports d'embarquement, attendu que les frais de transport étaient nuls; mais il ne peut admettre une telle supposition.

M. Gréterin, dont l'autorité ne peut être suspecte en cette circonstance, a établi que le prix moyen des Blés à Odessa, de 1849 à 1858, a été de 14 fr. 58 c., plus 3 fr. 50 c. à 4 francs pour le fret. Total, 18 francs.

Ajoutons que les Blés pouvant convenir à la consommation française doivent appartenir à la moitié supérieure, attendu qu'on n'accepte pas pour la boulangerie française des Blés inférieurs ni même de bons Blés durs. On peut donc compter encore sur une élévation de prix d'au moins 1 franc, soit 19 fr.

Lorsque Odessa apprendra que le marché français lui est ouvert, il y aura bien une hausse de 2 francs.

Voilà donc des Blés rendus à Marseille au prix de 21 fr.

De toutes ces considérations l'honorable membre tire cette conséquence, que nous n'avons rien à redouter de la Russie ni pour les quantités ni pour les prix.

On n'a pas non plus, dit-il, à redouter, du marché américain, des prix inférieurs à 18 ou 20 francs. On sait que, sous le rapport de la qualité, les Blés et farines des Américains sont inférieurs aux nôtres; il faudrait donc une grande différence de prix pour qu'on les préférât aux Blés et farines de France.

Rien à craindre, non plus, de la Syrie ni de l'Égypte, où l'on sait que les Blés sont, en général, dans de mauvaises conditions, mal récoltés, attaqués par les insectes, etc., etc.

On nous a fait une objection; on a dit : Mais la production augmentera. Nous l'espérons bien, car la population et, conséquemment, le nombre des consommateurs augmenteront aussi.

La grande question est celle des prix; or nous croyons avoir démontré que l'on n'a pas à craindre d'abaissement de prix.

L'honorable membre est convaincu, d'ailleurs, que ce qu'on peut appeler les *influences morales* a une part notable dans les variations des prix. Le jour où on ne croira plus possible qu'il y ait de disettes, où on saura que les grands pays producteurs ont des ressources suffisantes en grains pour parer aux déficit des récoltes, et que, grâce au télégraphe électrique et à la liberté du commerce, ces grains arriveront en quantité suffisante et en temps opportun, les esprits se calmeront, les vendeurs ne s'éloigneront plus des marchés dans l'espoir d'une hausse exorbitante, et les acheteurs ne s'y précipiteront plus pour faire leurs approvisionnements; on réalisera ainsi la permanence des prix autant que le permettent les vicissitudes des saisons.

Passant à la comparaison des prix de vente en Angleterre et en France, M. de Kergorlay donne des chiffres d'où il ressort qu'il n'y a pas eu d'abaissement dans les prix en Angleterre par suite de l'abolition de l'échelle mobile.

L'Angleterre, dit-il, est le grand marché régulateur, et il est impossible que la concurrence étrangère fasse tomber nulle part les prix au-dessous de ceux de l'Angleterre. Comment l'agriculture anglaise a-t-elle supporté la crise qui l'avait frappée de stupeur? M. Darblay n'a rien dit à ce sujet. Ici l'honorable membre donne lecture du passage suivant de son rapport à la commission française du jury international de l'exposition universelle de Londres :

« Le parti politique qui avait le plus vivement combattu les réformes audacieuses introduites dans la législation douanière par sir Robert Peel est arrivé au pouvoir, et il n'a pas eu la pensée de faire un pas en arrière; ses chefs dans les deux chambres, lord Stanley et M. d'Israeli, se sont expliqués formellement à ce sujet. »

En 1852, M. d'Israeli a écrit les paroles suivantes dans la profession de foi qu'il adressa à ses électeurs, à l'occasion de sa réélection par suite de son entrée au ministère :

« Le temps n'est plus où le tort souffert par les grands
« intérêts producteurs peut être soulagé ou peut disparaître
« par un recours aux lois qui, avant 1846, les protégèrent

« contre de telles calamités. L'esprit du temps actuel tend à « la liberté commerciale, et un homme d'État ne saurait im- « punément dédaigner le génie de son époque. »

« Les cultivateurs anglais, qui n'étaient nullement préparés à la révolution qu'ils ont subie en 1846, l'ont combattue tant qu'ils ont cru possible de la prévenir; du moment où ils ont compris qu'elle était inévitable, ils l'ont acceptée avec un courage et une résignation dignes d'admiration, comprenant combien ces mesures étaient favorables aux intérêts de la majorité de leurs concitoyens et de l'humanité en général; ils ont appliqué leur volonté opiniâtre, leur expérience des affaires, leur génie industriel à faire leur nouvelle position la meilleure possible; ils ont cherché à diminuer leurs dépenses et à augmenter leurs produits. Ils savent que la terre est plus fécondée par l'intelligence de l'homme que par sa sueur; ils ont commencé par augmenter la production des animaux, qui se trouvaient beaucoup moins dépréciés que les céréales; ensuite ils n'ont pas désespéré de perfectionner la culture de celles-ci : ils ont compris que, si, au lieu d'obtenir 24 à 26 boisseaux à l'acre, qu'ils vendaient autrefois 54 à 56 schellings le quarter, ils en pouvaient faire rendre au même sol 40 et 50 boisseaux, ne les vendissent-ils que 40 schellings le quarter, il y aurait profit pour eux; ils ont demandé au mécanicien de drainer leurs terres et de leur fabriquer des instruments qui leur épargnent du travail; ils ne craignent pas de faire des dépenses considérables, sur la parole des chimistes, pour donner au sol des engrais de toute nature, et ils n'ont pas été longtemps à en recevoir la récompense. »

Aussi les hommes sérieux qui ont observé l'agriculture anglaise en 1851, et depuis, n'hésitent-ils pas à reconnaître que la plupart des terres ont déjà retrouvé la valeur qu'elles avaient avant 1846, que quelques-unes l'ont dépassée, et qu'en définitive les réformes de sir Robert Peel auront agi sur l'agriculture anglaise comme un coup d'éperon donné à un coursier au sang généreux, qui lui fait dévorer en quelques minutes l'espace qu'abandonné à lui seul il aurait employé plusieurs heures à parcourir. De même, stimulée par la nécessité des circonstances, l'agriculture anglaise a déjà fait et fera d'ici à dix ans plus de progrès qu'elle n'en aurait fait dans un siècle sous le régime engourdissant du monopole et de la prohibition.

L'honorable membre cite les paroles suivantes prononcées, en 1853, par lord Ahsburton, président du concours agricole de Glocester : « Nous autres, cultivateurs anglais, nous « avons fait de grands et généreux sacrifices au bien public, « et après ces sacrifices nous avons fait de plus grands pro« grès que ceux qui nous les avaient demandés. »

Dans cinq ou six ans, ajoute l'orateur, M. Darblay tiendra le même langage que lord Ahsburton.

La moyenne du rendement, qui, en Angleterre, était de 25 hectolitres, est maintenant de 38. Il y a eu d'abord diminution dans les surfaces cultivées en céréales; mais les hauts prix qui se sont maintenus ont fait défricher des terres, et aujourd'hui la surface cultivée en céréales est plus grande qu'auparavant. Le taux de la rente des propriétaires s'est élevé. La valeur vénale des terres s'est accrue de 15 à 20 pour 100. La consommation du pain et celle de la viande de boucherie ont fait d'immenses progrès.

Quant aux reproches qui ont été adressés à sir Robert Peel au sujet du rappel des lois sur les céréales, M. de Kergorlay dit que ce ministre a été étrangement méconnu et défiguré, et n'a pas trahi, comme on l'a dit, le parti conservateur.

Il cite, à cette occasion, un passage du dernier discours de sir Robert Peel, qui se termina, dit l'honorable membre, par ces admirables paroles :

« Mon nom sera attaqué par ceux qui pensent que le « maintien de la protection est utile à la prospérité du pays, « il sera détesté par les monopoleurs qui ne cherchent dans « la protection que leur profit personnel; mais peut-être « sera-t-il prononcé avec quelque bienveillance dans les « demeures de ceux dont le sort est de travailler et de ga-

« gner à la sueur de leur front leur pain de chaque jour,
« lorsqu'ils répareront leurs forces épuisées par une nourri-
« ture abondante, libre de droits, et d'autant plus douce
« que le sentiment de l'injustice n'y mêlera plus d'amer-
« tume. »

La reconnaissance de son pays ne lui a pas fait défaut, dit M. de Kergorlay, et une souscription à 10 centimes lui a élevé une statue.

Quant à moi, ajoute, en terminant, l'honorable membre, je m'estimerai heureux si je puis voir mon nom associé à celui des hommes qui auront procuré à la France le même bienfait dont sir Robert Peel a doté l'Angleterre.

En résumé, je ne demande pas qu'on proclame aujourd'hui la liberté absolue. J'admets bien volontiers un droit fixe, mais rien de plus.

Sir Robert Peel a agi sous la pression d'une révolution menaçante. L'Empereur la voit de loin, mais il la prévient par sa sagesse. Il veut nous éviter les processions du ***pain de l'impôt*** et de *celui de la liberté*. Il ne veut pas que le ***pauvre*** puisse se plaindre que son pain soit frappé d'un impôt au profit du ***riche***. Ne lui refusons pas notre concours.

SÉANCE DU 13 AVRIL 1859.

La parole est à M. Gareau.

L'honorable membre dit qu'il y a un point sur lequel on est d'accord, c'est que, depuis 1832, le Blé est resté au-dessous d'un prix suffisamment rémunérateur pour que cette production, la principale ressource du cultivateur français, ait pu faire fleurir notre principale industrie, l'industrie agricole. La grande majorité de la population française vit de la terre ; ce n'est donc pas, et l'histoire est là pour le prouver, ce n'est donc pas dans les années où le prix du Blé est avili que la France peut prospérer : aussi est-il étonnant de voir certains économistes vanter les mérites de la vie à bon marché.

Lorsque l'agriculture vend mal son principal produit, le malaise qui l'oppresse se fait sentir dans toutes les autres industries, et on en voit la preuve dans ce mot bien remarquable consigné dans l'enquête du conseil d'État et prononcé par les ouvriers manufacturiers d'Amiens : « Qu'est-ce que « cela nous fait que le pain soit à un sou, si nous n'avons « pas deux liards pour en acheter ? »

Ce n'est donc pas un sentiment d'égoïsme agricole qui fait rechercher s'il est possible de parer, au moins en partie, aux variations énormes qui se sont produites et qui dépendent, il faut le reconnaître, de causes multiples.

A ce sujet, M. Gareau exprime le regret que les épithètes de libre échangiste et de protectionniste aient été échangées dans cette enceinte; il n'y voit que des hommes dévoués à l'agriculture et au pays, recherchant les moyens d'être utiles à tous et se mettant à l'abri des idées extrêmes, les uns vantant le mérite des prix avilis, les autres déclarant que, « hors « l'échelle mobile ancienne, point de salut. »

Beaucoup de personnes, ajoute l'honorable membre, voudraient que le gouvernement ne se mêlât pas de la question des céréales et que la législation fût assez fixe pour que jamais l'on n'eût à craindre des décrets venant la modifier. La liberté complète du commerce des grains serait peut-être le seul moyen possible, mais encore il pourrait survenir certaines mauvaises années où, sous le coup d'immenses dangers, le gouvernement se verrait dans la triste nécessité de favoriser l'entrée des grains étrangers et de défendre la sortie des grains indigènes.

Si l'on considère les deux propositions déposées, on se trouve en présence de deux systèmes :

1° Liberté plus ou moins restreinte ;

2° Modifications à l'échelle mobile.

L'honorable membre comprend bien la proposition de M. de Lavergne, mais il ne se rend pas également compte de celle de M. Darblay.

Qu'est-ce, en effet, suivant lui, qu'une loi qui reste ce qu'elle est et qui est revisée dans ses bases et dans ses détails?

Quant au système de liberté, plusieurs modes ont été proposés. Suivant M. Gareau, le droit demandé par M. de Lavergne n'est pas suffisamment protecteur, et il ne voit pas que la France ait intérêt à admettre ce système de liberté, alors qu'avec peu d'efforts encore elle peut produire ce qui est nécessaire à sa consommation.

On a parlé de l'Angleterre; mais ce qu'on en a dit n'est pas entièrement conforme à l'état réel des choses.

On comprend qn'en Angleterre on ait éprouvé la nécessité de faire baisser les prix dans l'intérêt des classes manufacturières. En France, il n'en est pas de même; la classe la plus importante est la classe industrielle agricole. L'Angleterre a besoin annuellement de 25 à 30 millions d'hectolitres de céréales, et le pays ne peut arriver à ce chiffre de production.

En France, il faut 100 millions d'hectolitres pour la consommation; nous en produisons 98 environ : donc nous approchons beaucoup des besoins de la consommation. Doit-on, dans une telle situation, laisser entrer les Blés étrangers, ou doit-on chercher à arriver à une production suffisante pour la consommation?

M. Gareau admire sir Robert Peel comme ministre anglais; mais il croit que si sir Robert Peel eût été Français, il eût fait en France toute autre chose que ce qu'il a fait en Angleterre.

L'honorable membre ne croit pas que l'application du principe de la liberté absolue en matière de céréales soit une bonne mesure.

Quant au droit de 1 fr. 25 c. par quintal métrique proposé par M. de Lavergne, M. Gareau ne le croit pas suffisant pour protéger l'agriculture; du reste, il ne s'effraye pas de l'importation des Blés russes. La question de l'émancipation dont on a parlé ne lui paraît pas de nature à amener des quantités considérables de Blé sur les ports d'ici à plusieurs années. D'ailleurs, depuis qu'il est reconnu que l'Angleterre a des besoins énormes, les conditions des marchés sont changées, et l'on ne peut plus voir, sur les marchés du nord et du sud de la Russie, ces prix avilis qui permettaient au Blé d'arriver en France au-dessous des cours français. Cette année même, les Blés d'Odessa sont, à Marseille, à 18 fr. Cependant, comme nous devons, ce qui du reste est possible, amener la France à produire sa consommation, même dans les années mauvaises, il est bon, en même temps, de prémunir l'agriculture française contre les éventualités qui pourraient se produire, et lui donner la confiance nécessaire pour qu'elle marche vers ce résultat : il importe donc que l'agriculture soit protégée.

Quant à l'échelle mobile, l'honorable membre ne peut admettre les conclusions de M. Darblay ; il ne pense pas, pour ce qui est du commerce intérieur, qu'il ait mérité les éloges que lui a donnés M. Darblay. Certes, en 1856, il n'a pas produit les résultats qu'on aurait pu désirer.

Lorsqu'en 1856 et pendant longtemps le Blé était à 45 fr. l'hectolitre à Paris, le prix moyen, suivant M. Foubert, était de 30 fr. pour toute la France; il s'ensuit qu'il y a eu des Blés à 15 fr.

Dès lors, M. Gareau s'explique difficilement que l'écart de 15 à 45 fr. n'ait pas suffi pour faire venir à Paris le Blé qui, ailleurs, était si bas, et pour produire une baisse sur ce grand marché; il croit que, dans ces circonstances, le commerce intérieur n'a pas fait ce qu'on aurait dû attendre de lui.

Si on étudie la discussion des lois de 1821 et de 1832, on voit que la loi devait prévoir les écarts considérables qui pouvaient survenir dans les prix. Or il est prouvé qu'il y a eu des écarts considérables; donc l'échelle mobile n'a pas tenu ce qu'elle avait promis.

L'honorable membre reconnaît, avec M. Darblay, « qu'aucune loi humaine ne peut ramener à l'uniformité ce qui est profondément et constamment différencié par les lois naturelles. »

Mais au moins est-il certain que plus la culture est avancée, moins on a à craindre les écarts de production et, par suite, les écarts de prix.

Depuis vingt-cinq ans on a presque doublé la production. Doit-on faire un effort pour que, même dans une année moyenne, on puisse exporter la quantité qui ne serait pas nécessaire à la consommation?

A ce sujet, M. Gareau approuve ce qui a été dit, que l'exportation est la meilleure des réserves.

La France, au lieu d'être une nation ayant besoin d'importation annuelle, est sur le point d'exporter annuellement.

Quant aux craintes qui ont été exprimées relativement à la stérilisation du sol, M. Gareau n'en est pas touché. Il est convaincu que, tout en exportant, on peut maintenir la fertilité du sol. On a cité l'Amérique, les États-Unis; mais il est à sa connaissance que dans la Virginie, par exemple, il y a des agriculteurs dont les terres sont en très-bon état depuis qu'on élève du bétail, et qu'on ne prend pas toujours à la terre sans jamais lui rendre.

En ce qui a trait à la protection, c'est-à-dire au droit à faire subir à l'importation, il convient de remarquer que les deux régions du nord et du midi de la France ne sont nullement dans les mêmes conditions. Le Blé est plus cher à produire dans le Midi que dans le Nord. D'ailleurs le Midi ne produit pas pour sa consommation, tandis que, dans le Nord, la production excède les besoins.

Un droit différent demandé pour l'importation paraîtrait donc pouvoir se justifier; cependant, suivant l'honorable membre, un droit uniforme serait préférable. Il est difficile, en effet, de bien séparer les deux zones et de déterminer la ligne précise qui fixerait la limite.

Quant aux *marchés régulateurs*, M. Gareau croit qu'il sera toujours possible, quels que soient ces marchés et quelques modifications qu'on y apporte, d'influer sur les prix qui y sont établis.

Le droit fixe est donc, en définitive, le seul moyen protecteur.

Le prix moyen de 20 fr., qui est la moyenne des vingt-sept ans écoulés depuis 1832, peut être bon aux yeux des statisticiens et des mathématiciens; mais M. Gareau, en sa qualité de producteur de Blé, ne peut l'admettre. Il n'y a pas d'agriculteur qui ait cultivé aussi longtemps et ait joui, en réalité, de cette moyenne.

En résumé, dans l'opinion de l'honorable membre, l'échelle mobile, même modifiée, ne peut protéger suffisamment l'agriculture; il croirait utile d'établir à l'entrée un droit fixe suffisamment protecteur.

Le droit de 1 fr. 25 c. ne lui paraît pas offrir à l'agriculture une protection suffisante; il le voudrait de 3 fr. Cependant il ne croit pas devoir proposer ce chiffre d'une manière absolue, et il est d'avis de formuler les vœux suivants :

1° Que la législation à intervenir en matière céréale institue, à titre permanent et sans autre droit que celui dit *de balance*, la liberté de l'exportation des céréales et de leurs farines;

2° Que cette même législation institue la libre entrée des mêmes denrées, sous la réserve d'un droit suffisamment protecteur.

La parole est à M. Darblay.

M. Chevreul demande à présenter préalablement quelques observations.

L'honorable vice-président dit qu'il ne comptait pas prendre la parole dans cette discussion; mais, après ce que MM. de Kergorlay et Gareau ont dit de la difficulté de comprendre clairement la rédaction ainsi formulée par M. Darblay,

« La Société pense

« Que le principe de la loi *actuelle* non abrogée doit être « conservé ; qu'elle doit être revisée dans ses bases et dans « ses détails pour la mettre en harmonie avec les change- « ments apportés depuis 1832 dans la viabilité intérieure et « celle même des pays producteurs. »

M. Chevreul prie M. Darblay, dans l'intérêt de son opinion, de formuler le vote qu'il a proposé à la Société en d'autres termes que ceux dont il s'est servi ; car M. Chevreul ne comprend pas la conservation du *principe* d'une loi avec la révision des bases de cette loi. Il pense, avec M. Gareau, que les questions soumises à la Société sont les suivantes, et qu'elles peuvent être traitées indépendamment de ce qu'on appelle le système protecteur et le système de libre échange.

Ces questions, les voici posées de la manière la plus précise :

Un droit fixe est-il préférable à un droit variable pour les céréales importées en France?

Si la Société se déclare pour le droit fixe, quel doit en être le chiffre?

Si la Société se déclare pour le droit variable, sur quelles bases devra-t-il être déterminé?

M. Darblay présente des considérations consignées dans une note dont il donne lecture, et qui se termine par les propositions suivantes :

« La loi sur l'importation des Blés étrangers et l'exportation des Blés indigènes continuera d'avoir pour base la variabilité mensuelle des droits ;

Pour son exécution, la France sera divisée en deux zones :

La première, partant de la frontière de Savoie, touchant la frontière sud de la Suisse jusqu'à la mer Méditerranée, comprendra aussi tout le littoral de cette mer jusqu'à la frontière d'Espagne et la partie des frontières continentales de la France séparant de l'Espagne jusqu'à la limite du département des Pyrénées-Orientales.

La seconde comprendra le surplus des départements français commençant aux frontières séparatives de France et de l'Espagne, limitant les départements des Hautes et Basses-Pyrénées, tout le littoral français de l'Océan, de la Manche, de la mer du Nord et la frontière de terre, depuis Dunkerque jusqu'à la naissance de la première zone et la frontière de la Savoie.

Pour la première zone, les marchés régulateurs ne seront pas d'un nombre inférieur à 15; et, pour la seconde, ils seront de 20 au moins.

Les mercuriales devant servir à la fixation du droit seront prises sur les trois premiers marchés du mois courant, pour être appliquées au mois suivant immédiatement.

Les prix-limites auxquels l'importation et l'exportation auront lieu simultanément, au même droit simple de balance (25 cent.), seront fixés,

Pour la première classe, à 26 fr. l'hectolitre, soit 31 fr. le quintal métrique;

Pour la seconde classe, à 28 fr. l'hectolitre, soit 31 fr. le quintal métrique.

Les prix mensuels du Blé, pour chaque zone, seront fixés par la moyenne de ceux de tous les marchés régulateurs de cette zone sans distinction des quantités vendues sur chacun d'eux.

Il est bien entendu que les marchés désignés pour régulateurs devront être généralement les plus importants de tous ceux compris dans la zone.

Les variations des droits devront suivre celles des prix-limites, savoir :

Pour l'importation, à raison de 1 fr. à ajouter au droit de balance des 25 cent. par chaque franc de baisse sur le prix de 25 fr. à 24 fr. 1 cent. dans la première classe, et 23 fr. à 22 fr. 1 c. dans la seconde. (Si l'on prend, comme nous devons en exprimer le vœu, le quintal métrique au lieu de l'hectolitre, il y aura à ajouter dans la proportion de 75 kilogrammes à 100 sur le droit.)

Pour l'exportation, à chaque franc de hausse au-dessus du

prix de 25 fr. l'hectolitre dans la première classe, et de 23 fr. l'hectolitre dans la seconde,

Il sera ajouté un droit de 2 fr. au droit de balance de 25 cent.

L'établissement du droit par quintal métrique donnerait lieu au calcul comme ci-dessus.

Les Seigles, Orges, Maïs, Avoines entreraient en France ou en sortiraient par tous les bureaux autorisés des frontières de terre ou des ports désignés du littoral des deux mers à un droit fixe de 50 cent. par quintal métrique.

Par cette dernière mesure, nous avons l'intention de porter de plus en plus à la culture du Blé. Déjà beaucoup de terres à Seigle portent maintenant du Froment. Une bonne culture et des engrais transformeront encore beaucoup de terres à Seigle en terres à Blé; mais, pour tous progrès, il faut de l'argent.

Nous avons fait élever les droits supplémentaires à l'exportation de 2 fr. par franc de hausse, et ceux de l'importation de 1 fr. seulement, parce que nous avons plus de considération encore pour la crainte de celle-là dans les temps de cherté que pour la crainte des inconvéniens de celle-ci dans les temps d'abondance intérieure et de bas prix. »

M. de Lavergne répond à M. Darblay. Il croit d'abord devoir ramener à la question la discussion qui lui semble s'être égarée. Il fait observer que la véritable question soumise à la Société est celle de savoir quel est le système douanier le plus favorable à l'agriculture, de l'échelle mobile ou du système de liberté avec les droits fixes qu'il a indiqués. Si on présente à M. de Lavergne un système plus favorable que le sien aux intérêts agricoles, il est prêt à l'adopter. Il s'est nettement expliqué à ce sujet toutes les fois qu'il a pris la parole, et il est en droit de se plaindre qu'on défigure son opinion quand on le présente comme ayant pour but de faire baisser le prix du Blé. Il voudrait lire à ce sujet ce qu'il a déjà dit; mais M. Darblay, après avoir fait sténographier son discours, sans l'en avoir prévenu, refuse aujourd'hui de lui en laisser prendre copie. Il ne peut que faire appel au procès-verbal et au souvenir de la Société.

M. Darblay répond qu'il est dans son droit en refusant cette communication.

M. de Lavergne ne veut pas discuter cette réponse de M. Darblay, et se borne à livrer le fait à l'appréciation de la Société.

M. Darblay, ajoute M. de Lavergne, vient d'exposer un projet d'échelle mobile modifiée. Ce nouveau système améliore certainement l'ancienne échelle mobile. Ainsi M. Darblay n'admet plus que deux zones au lieu de quatre. Il n'admet plus que les grains inférieurs suivent le même sort que les Blés, que la sortie de l'Avoine, par exemple, soit prohibée quand le Blé est cher, et que l'entrée en soit interdite quand le Blé est à bon marché, ce qui était une des plus absurdes dispositions de l'échelle mobile, car la consommation et la production de l'Avoine sont toutes indépendantes de celles du Blé. M. de Lavergne approuve ces deux modifications; mais sur tout le reste, M. Darblay n'a pas, à son avis, suffisamment amélioré l'échelle mobile. Il a conservé le mécanisme faux des marchés régulateurs, la tarification mensuelle, etc. Il y a surtout dans sa proposition une disposition qu'il est impossible d'admettre, c'est le droit de 2 fr. par franc de hausse à l'exportation. Ce droit n'est pas nouveau; il existait dans l'ancienne échelle mobile et en formait une des clauses les plus singulières. Cette législation, qui avait la prétention d'être protectrice de l'agriculture, frappait l'exportation d'un droit de 2 fr., quand elle ne mettait à l'importation qu'un droit de 1 fr. La protection contre l'exportation agissait ainsi avec une intensité double de celle qui était dirigée contre l'importation. Est-ce là de la protection pour l'agriculture?

M. Darblay, en adoptant ce droit de 2 fr. à l'exportation, adopte une des dispositions les plus mauvaises de l'ancienne échelle mobile : il l'atténue, sans doute, en élevant le prix-limite où le droit commence à jouer; mais cela ne suffit pas, c'est le droit lui-même qu'il faut supprimer.

Pour prouver que le système qu'il propose est plus favorable à l'agriculture, M. de Lavergne lit la note suivante, ayant pour objet de faire connaître la véritable différence qui existe dans la pratique entre son système et celui de l'échelle mobile :

« Quand le Blé indigène sera à 25 francs dans la première classe, à 23 dans la seconde, à 22 dans la troisième, à 19 dans la quatrième, pas de différence; dans les deux systèmes, le Blé étranger est également grevé d'un droit de 1 *franc par hectolitre* ou de 1 fr. 25 c. par quintal métrique, ce qui revient au même.

« Quand le Blé indigène sera au-dessus de ces prix, le Blé étranger entrera franc de droits dans le système de l'échelle mobile, et restera frappé, dans le système du droit fixe, du droit de 1 franc par hectolitre.

« Quand, au contraire, le Blé indigène sera au-dessous de ces prix, le Blé étranger sera grevé, dans le système des droits variables, d'un droit supplémentaire de 1 franc de baisse, et dans le système du droit fixe, il n'aura à subir aucun supplément de droits.

« Ainsi, dans le plus grand nombre des cas, dans le cas des prix moyens, la différence entre les deux régimes est nulle; elle ne devient sensible que dans les cas de baisse ou de hausse marquée; mais, en temps de hausse, la permanence du droit fixe est plus favorable au producteur que la suppression de tout droit, et en temps de baisse l'importation se limite d'elle-même par l'avilissement des prix.

« Voilà pour l'importation; voyons maintenant l'exportation.

« Quand le Blé indigène sera au-dessous de 25 francs dans la première classe, de 23 dans la seconde, de 21 dans la troisième, de 19 dans la quatrième, pas de différence entre les deux systèmes; dans l'un et dans l'autre, l'exportation est également libre.

« Mais, quand le Blé indigène s'élèvera au-dessus de ces prix, la sortie du Blé sera frappée, dans le système des droits variables, de 2 francs par chaque franc de hausse, et dans l'autre système elle restera libre.

« Qu'on y regarde avec attention, et qu'on dise lequel des deux régimes est le plus favorable aux producteurs.

« Mais, nous dit-on, vous ne pourrez pas maintenir votre droit fixe à l'importation et votre liberté absolue d'exportation, quand les prix seront très-élevés à l'intérieur !

« Il est possible qu'en effet le gouvernement, dominé par les préjugés populaires, puisse se croire forcé de lever le droit fixe et d'interdire la libre exportation en temps de hausse excessive; mais ce moment, s'il arrive, n'arrivera que quand le Blé sera monté à des prix extrêmes, 30 francs par exemple : or, dans le système de droits variables, l'entrée en franchise des grains étrangers et le droit prohibitif à l'exportation de nos propres grains arrivent quand le Blé dépasse 19 francs dans la quatrième classe; le producteur a donc devant lui une bien plus grande marge dans un cas que dans l'autre.

« La supériorité d'un régime sur l'autre devient encore plus frappante à propos des zones. L'unique question est alors celle-ci :

« Faut-il continuer à frapper l'exportation de nos propres grains, quand le prix dépassera 19 francs dans la quatrième classe, afin de frapper l'importation des grains étrangers quand le Blé sera dans la première classe au-dessous de 26 francs? ou, en d'autres termes, pour soutenir autant que possible le prix du Blé à 26 francs sur la place de Marseille, en entravant l'importation, faut-il renoncer à l'élever autant que possible, par la liberté d'exportation, à 20 francs et au-dessus dans le reste de la France?

« Poser ainsi la question, c'est la résoudre. »

La France, ajoute M. de Lavergne, a deux intérêts distincts dans cette question : un petit intérêt d'importation, un grand intérêt d'exportation.

A Marseille, et dans les départements voisins, le Blé est toujours plus cher que dans le reste de la France, le déficit constant est de plusieurs millions d'hectolitres; il y a là un intérêt d'importation. Dans les neuf dixièmes de la France, au contraire, dans le Nord, l'Est, l'Ouest et le Centre, il y a un intérêt d'exportation, parce que là la production peut s'élever et s'élève, en général, au-dessus de la consommation.

On dit : « Si vous fermiez Marseille à l'importation, les Blés français s'y rendraient. » L'honorable membre est persuadé que, au delà d'une certaine quantité qui y vient des points les plus voisins, le reste y arriverait grevé de frais de transport considérables qui ne profiteraient ni aux producteurs ni aux consommateurs. Il vaut mieux, suivant lui, que Marseille prenne le supplément qui lui manque sur les points où on peut l'avoir à meilleur marché et que les autres régions vendent là où elles peuvent le faire avec le plus de profit. Après tout, le marché de Marseille n'offre à la production nationale qu'un marché de 2 ou 3 millions d'hectolitres, tandis que l'Angleterre, la Hollande, la Belgique, l'Allemagne, la Suisse offrent un débouché de 40 millions d'hectolitres. Il y a bien plus d'intérêt à se porter d'un côté que de l'autre.

Mais, fait observer M. Darblay, nous vendons d'un côté à 15 fr. et nous achetons de l'autre à 19 fr.

On ne peut pas accuser de cette différence la liberté du commerce. Elle trouve ces prix, elle ne les fait pas. Au contraire, elle atténue ces différences le plus possible. Sans elle, le consommateur du Midi achèterait encore plus cher, et le producteur du Nord vendrait encore meilleur marché. L'importation et l'exportation, pour être libres, ne sont pas obligatoires; si les consommateurs du Midi ont plus de profit à acheter des grains français, ils le feront; de même, rien n'empêche les producteurs du Nord de vendre à l'intérieur, s'ils y trouvent plus d'avantages.

M. Darblay a dit encore qu'on avait eu, depuis 1853, une

liberté complète, et que ce régime n'avait pas plus que l'échelle mobile empêché une forte hausse et une forte baisse. Cette observation serait fondée, qu'elle ne répondrait pas à l'objection contre l'échelle mobile; il demeure toujours démontré que l'échelle mobile est inefficace et qu'il n'y a aucun avantage à la conserver avec toutes ses complications; mais il y a plus, et il n'est pas exact de dire que nous ayons eu, depuis 1853, une liberté complète. Cette liberté, quelle qu'elle soit, n'est survenue que quand la hausse s'était déjà produite, et elle ne peut, par conséquent, être responsable de cette hausse. Quant à la baisse, tout le monde sait que l'interdiction d'exportation a été maintenue jusqu'à la fin de 1857, ce qui a certainement contribué à aggraver la baisse. Cette prétendue liberté, qui n'a été qu'une demi-liberté, puisqu'elle n'existait pas pour l'exportation, a été, d'ailleurs, précaire, incertaine, toujours sous le coup de décrets arbitraires qui pouvaient survenir à tout moment, ce qui ne laissait au commerce aucune sécurité.

On ne peut dire, dans ces conditions, que l'expérience de la liberté ait été faite sérieusement. Donnez une liberté complète, légale, durable, et, quand vous aurez fait, pendant plusieurs années, l'essai de cette liberté, vous pourrez en apprécier les effets comme vous appréciez ceux de l'échelle mobile qui a duré trente ans.

On a été obligé de convenir que les prix de la Russie et de l'Amérique sont aujourd'hui plus hauts que ceux de la France; mais on a dit que c'était une exception. Il est étonnant, suivant M. de Lavergne, que cette exception se soit produite partout à la fois.

Il est bien démontré maintenant que la production indéfinie de la Russie est un fantôme; pendant la dernière disette, en 1853 et 1854, la Russie n'a pu nous vendre que 1,500,000 hectolitres de Froment par an, malgré tous nos efforts pour en faire venir le plus possible et à tout prix.

Quant à l'Angleterre, M. de Lavergne a toujours dit que les effets de la liberté du commerce des grains ont été, dans ce pays, le contraire de ce qu'ils seront en France. L'Angleterre, par suite du progrès prodigieux de sa population, ne peut plus se nourrir; elle a besoin d'importer des Blés. Le prix des Blés est toujours plus élevé chez elle que chez nous, même depuis qu'elle a ouvert ses ports aux grains étrangers. Nous, au contraire, nous avons besoin d'en exporter. Les prix sont trop bas chez nous, parce que notre population est beaucoup moins nombreuse proportionnellement. La même liberté de commerce, qui doit faire baisser les prix en Angleterre, parce que le Blé y tend toujours à s'élever à 25 fr. et au-dessus, doit les faire monter en France, parce qu'il y tombe trop souvent à 15 fr. et au-dessous. Les deux pays étant mis en communication constante, les prix tendront à se niveler.

M. de Lavergne veut enfin répondre quelques mots à MM. Pommier et Gareau.

M. Pommier trouve que le droit de 1 fr. 25 cent. à l'importation est trop fort, et il veut lui substituer un droit de 50 cent. M. de Lavergne fait observer qu'il ne considère pas ce droit comme un droit *protecteur*, mais comme un droit *fiscal*. Comment est-il arrivé à ce droit *fiscal?*

Il s'est demandé quelle était la somme d'impôts qui pesait, en France, sur la terre. Il a trouvé 250 millions, déduction faite des propriétés bâties, et, comme le Blé figure à peu près pour un tiers dans le produit total de l'agriculture, il s'ensuit que le Blé doit payer le tiers environ de l'impôt total, ou 85 millions de francs pour 85 millions d'hectolitres environ, soit *un franc* par hectolitre. Cela étant, pour ne pas protéger les Blés étrangers contre les Blés français, il est juste que les premiers payent le même impôt que les seconds.

Il est vrai que l'Angleterre, la Belgique, la Hollande ont des droits plus faibles; mais l'Autriche, l'Allemagne, la Russie, les Deux-Siciles ont des droits plus forts. On a pris la moyenne.

M. Gareau, contrairement à l'opinion de M. Pommier, trouve ce droit de 1 fr. 25 c. trop faible; M. de Lavergne ne croit pas qu'un droit quelconque puisse protéger l'agriculture, dont les prix seront toujours réglés par la concurrence intérieure, à cause de l'immensité du marché national. Le droit de 3 fr. est trop fort sans nécessité et sans utilité; les producteurs des neuf dixièmes de la France n'en vendront pas leurs Blés un centime de plus. L'effet ne sera sensible qu'à Marseille, et là il sera mauvais, parce qu'il élèvera à l'excès le prix du pain dans un pays qui le paye toujours plus cher que les autres. Avec l'échelle mobile, l'entrée en franchise des Blés étrangers était permise quand le Blé atteignait 26 fr. à Marseille, tandis que le droit de 3 fr. serait permanent.

Il est, d'ailleurs, à remarquer que plus le droit sera fort, plus il y aura de chances pour qu'il soit supprimé à la première disette.

En résumé, l'honorable membre persiste dans sa proposition d'un droit fixe de 1 fr. 25 cent. à l'importation, et de 25 cent. à l'exportation par quintal métrique de grain.

SÉANCE DU 27 AVRIL 1859.

M. Barral manifeste le désir que la Société émette, séance tenante, un vote sur la meilleure législation que l'on puisse souhaiter pour le commerce des céréales; cependant il se félicite de l'étendue qu'a eue la discussion. Il croit que l'agriculture a intérêt à ce que toutes les faces de la question soient étudiées d'une manière complète, et il trouve que la Société centrale a rendu un véritable service en voulant que les débats soient complets et approfondis, malgré le temps considérable qui devait être ainsi employé.

Si on se reporte en arrière, soit aux années 1845 et 1847, on se rappellera qu'à cette époque les agriculteurs étaient presque unanimes pour la protection. Aujourd'hui un grand nombre d'entre eux sont partisans de la liberté du commerce des céréales. Il y a onze ou douze ans on aurait à peine trouvé une association agricole disposée à voter pour ce régime de liberté; aujourd'hui vingt à trente ont émis des votes dans ce sens. Ceux qui ont confiance dans la bonté de la cause qu'ils soutiennent, ne regrettent pas la discussion. La vérité gagne toujours à être mise en lumière. Ceux qui connaissent les fondements erronés de leurs systèmes peuvent seuls vouloir empêcher que les agriculteurs examinent avec soin, avec détail, toutes les parties d'une législation qui a vécu assez longtemps pour être jugée par ses effets.

Au surplus, ajoute l'honorable membre, la question, comme l'a si bien expliqué M. le vice-président, n'est pas, ne doit pas être entre la protection et le libre échange. Il s'agit seulement de savoir « si, dans l'opinion de la Société, un droit fixe est préférable à un droit variable pour les céréales importées en France et pour celles exportées hors de nos frontières. »

C'est à ce point de vue ainsi limité que M. Barral désire se placer pour émettre son opinion. On a, dit-il, embrouillé la question par une foule de considérations qui lui sont étrangères. On a excité les passions ; on s'est livré à de véritables déclamations. Ainsi l'on a dit : « Nous attendrions (si l'échelle mobile n'était pas maintenue) la flotte de la mer Noire avec la même anxiété qu'autrefois les Athéniens celle d'Égypte, et les Romains les flottes de Sicile et d'Afrique, quand le peuple sur le forum criait : De l'huile et du pain. » Ce sont là des exagérations qui doivent être proscrites du débat.

Du reste, dans le sens opposé, l'honorable membre n'approuve pas davantage des mouvements d'éloquence trop passionnés, où l'on représente des pains attachés à des drapeaux comme manifestation de la nécessité d'ouvrir nos frontières aux Blés étrangers.

La Société centrale doit savoir éclairer l'opinion avec sagesse, avec calme, avec prudence, et apprendre aux cultivateurs à ne pas trembler devant telle ou telle législation.

Personne, d'ailleurs, tant les idées ont fait de progrès, ne demande aujourd'hui ni la suppression de tout droit ni le retour à l'ancienne protection. M. Barral ne croit pas, quant à lui, que l'agriculture puisse être protégée. Il comprend la protection pour des industries spéciales, limitées; il ne la comprend pas pour une industrie qui est celle de tout le monde. Si vous protégez, dit-il, l'agriculture en lui donnant une prime, c'est elle, en définitive, qui la payera.

Il admet très-bien, par exemple, un droit qui serait une compensation des charges supportées par l'agriculture. M. de Lavergne a proposé un droit de 1 fr. 25 c. M. Barral croit que les charges de l'agriculture demanderaient un droit plus fort; cependant celui qu'a indiqué M. Gareau lui paraît trop élevé; les droits proposés par M. Pommier, d'un autre côté, lui semblent trop faibles. Mais, en résumé, il préfère les droits fixes aux droits variables : ces derniers ont été, d'ailleurs, jugés par M. Darblay lui-même, qui propose une nouvelle échelle mobile, tout en convenant qu'elle devra donner lieu à des suspensions. M. Darblay, en effet, regarde les suspensions de l'échelle mobile comme un corollaire naturel. Voici ce qu'a dit, dans son discours, l'honorable défenseur des droits variables : « Quand tous droits viennent à cesser, c'est par l'effet même de la loi qui a suivi l'élévation des cours; ou, s'il reste quelque chose des droits, ce n'est qu'une partie très-minime, comme nous l'avons vu en 1847 et en 1853. Personne n'est surpris, et *la loi suspensive* vient seulement assurer au commerce un délai pendant lequel il peut opérer avec sécurité. Elle y ajoute, suivant les cas et les nécessités, toutes les mesures accessoires que nous avons relatées à propos des lois et décrets de 1847 et 1853. Voilà le rôle de ces lois suspensives, qui ne commence qu'après celui de la loi principale rempli ou bien près de l'être. »

On voit, ajoute M. Barral, que M. Darblay nous promet des lois suspensives. On établira l'échelle mobile modifiée. Elle ne fonctionnera pas bien ; alors on la suspendra. C'est là, suivant l'honorable membre, un détestable système qui aboutit nécessairement à l'arbitraire, au régime actuel dont se plaint avec raison l'agriculture. M. Darblay a dit que c'était le régime de la liberté qui régnait en ce moment : complète erreur ; c'est celui de décrets qui ont prohibé l'exportation, permis l'importation sans droits sensibles, défendu à l'agriculteur de distiller ses grains, c'est-à-dire de disposer de sa propriété à son gré dans sa propre maison ; qui aboutit enfin à la liberté d'importation, mais à la menace, toujours suspendue, de défendre de nouveau l'exportation. C'est un régime précisément contraire que l'intérêt de l'agriculture française demande pour la prospérité du pays.

Si la loi de l'échelle mobile n'a rien fait de bon dans le passé, M. Barral ne croit pas qu'elle fasse mieux dans l'avenir. On abandonne, il est vrai, certaines dispositions de l'ancienne loi ; mais, par amour-propre d'auteur, on défend un principe dont on veut changer les bases, par de singulières confusions des mots et des choses. L'agriculture n'est nullement intéressée dans ces questions où tout est embrouillé, il faut qu'elle voie clair dans ses affaires.

Mais, dira-t-on, si l'agriculture n'est pas protégée, elle demandera la suppression de la protection pour d'autres industries. C'est là le fond de la pensée des défenseurs de l'échelle mobile. Ils agissent en vue d'autres intérêts que ceux de l'agriculture. L'honorable membre croit qu'on ne doit pas s'arrêter à une telle objection, et qu'il convient d'envisager uniquement la question agricole.

En résumé, il demande des *droits fixes* comme compensation des charges de l'agriculture.

On objecte, ajoute-t-il, que ces droits pourront disparaître.

Sans doute, ils pourront disparaître devant des considérations d'ordre public ; mais ce sera une exception, un malheur que l'agriculture devra subir. Aucune loi ne sera à l'abri de mesures exceptionnelles dans des circonstances extrêmes de guerre ou de malheurs publics ; mais il faut se placer dans la situation normale. Or, dans la situation normale, dit M. Barral, l'agriculture demande des droits fixes.

On a dit encore que, si la nation arrivait à obtenir un excédant d'exportation sur les importations, le sol de la France s'appauvrirait. Mais on ne remarque pas que chaque cultivateur exporte le Blé de son sol : peu importe où et à qui il le vend; il est certain qu'il exporte. L'exportation enlève évidemment une partie de ce qui est dans le sol. C'est au cultivateur à aviser au remplacement de ce qui a été enlevé en consacrant à cette réparation une partie de l'argent qu'il reçoit en échange de ses denrées. Il y a, à cet égard, un grand nombre de moyens. Tout le monde est d'accord sur ce point : le drainage, les irrigations surtout; puis les labours profonds, les marnages et les chaulages; les cultures des plants qui vont chercher, dans les profondeurs du sol, des richesses qu'elles ramènent à la surface; des cultures déjà trouvées ou encore à découvrir pour rendre productifs les éléments de fertilité inertes du sol arable; voilà ce qu'il faut propager pour sauver l'agriculture. Le salut n'est pas dans une sécurité trompeuse à l'abri d'une législation impuissante.

En résumé, dit-il ensuite, l'agriculture peut se passer d'une protection qui ne l'a jamais protégée.

Les droits que paye l'agriculture étant d'une certaine permanence, il faut également une certaine fixité dans les droits qui frappent l'étranger.

C'est le marché, toujours ouvert et toujours libre, qui fait la puissance de l'agriculture. Si le prix des Blés descend très-bas, on a intérêt à le faire monter en en vendant aux voisins.

Il faut, d'ailleurs, un nivellement dans les prix ; or ce nivellement s'effectue quand on peut exporter.

On dit qu'il y a des pays où les prix de revient de l'hectolitre sont très-bas, et on a cité, à cet égard, des chiffres d'une faiblesse fabuleuse.

L'honorable membre demande comment on peut calculer le prix de revient du Blé à l'étranger, puisqu'on ne peut même parvenir à l'établir pour la France. Mais enfin, ce prix fût-il aussi minime qu'on le dit, il y aurait encore à calculer les frais de transport, et en les ajoutant au prix de revient on arriverait à des prix égaux aux nôtres.

M. Barral n'admet pas qu'une loi douanière quelconque puisse niveler d'une manière fixe les prix des Blés.

Quant aux conclusions à prendre à la suite de cette discussion, il ne pense pas que la Société doive adopter des considérants très-longs sur lesquels on ne pourrait se mettre d'accord.

Il fait remarquer que la proposition de M. Darblay est trop développée ; il trouve même celle de M. de Lavergne trop étendue pour être soumise en l'état au vote de la Société.

Il croit qu'il conviendrait de se réduire à une formule très-simple, et, s'il pensait qu'on ne dût pas présenter une proposition plus courte encore, il demanderait qu'on se bornât à voter dans des termes semblables à ceux-ci, qu'il ne cite qu'à défaut d'autres : « La Société impériale et centrale d'agriculture émet le vœu que le régime de la libre exportation et de la libre importation des céréales, moyennant l'acquittement de droits fixes, puisse être adopté le plus tôt possible par le gouvernement. »

M. le comte de Tracy a la parole. Il reconnaît qu'il arrive bien tard; il craindrait de fatiguer la Société ; aussi ne parlera-t-il que peu de temps. La question a été traitée par des membres très-compétents, et il n'a pas la prétention d'y jeter de nouvelles lumières.

Il annonce qu'il adopte les idées et les conclusions de M. Barral, et il conçoit très-bien qu'on impose aux Blés étrangers un droit compensateur des charges de l'agriculture.

L'honorable membre cite les croyances erronées qui se répandent souvent dans les campagnes sur les causes de la cherté ou de l'avilissement des prix des denrées : il lui paraît très-dangereux de laisser croire aux populations rurales que le gouvernement peut, par des règlements ou des tarifs, changer les conditions des subsistances des gouvernés. On n'a plus, d'ailleurs, à craindre aujourd'hui les désastreuses famines qui ont affligé la France dans les derniers siècles, notamment en 1663 : les causes en sont, suivant M. de Tracy, dans une meilleure culture et dans la variété des produits du sol; mais on ne sait pas assez généralement qu'on ne peut rendre tout de suite une terre quelconque favorable à telle ou telle culture; il faut qu'elle ait été graduellement améliorée.

L'honorable membre ajoute qu'il a entendu avec douleur un de ses collègues, dont il reconnaît, d'ailleurs, toute l'habileté agricole, déclarer que l'agriculture était une industrie ruineuse; qu'il ne connaissait qu'un seul homme qui eût fait fortune dans cette profession, en se levant pendant quarante ans à quatre heures du matin et en conduisant lui-même ses charrettes au marché.

M. de Tracy croit, au contraire, que, sans se réduire à l'état de charretier, on peut faire de beaux bénéfices en agriculture; et il éprouvait le besoin de s'expliquer sur cette assertion de son honorable collègue, qui l'avait profondément affecté. Il est convaincu, au contraire, que de toutes les industries honnêtes et non aléatoires, l'agriculture est une de celles qui offrent le plus de chances de succès. Il est évident que, si on veut élever, dans les fermes, des bâtiments de luxe et se livrer à des dépenses inutiles, on pourra se ruiner; mais il y a un tiers de la France qui ne demanderait que des capitaux placés à un énorme intérêt. M. Barral a dit, par exemple, que le drainage rapportait 10 à 12 pour 100. Y a-t-il, demande M. de Tracy, beaucoup d'industries qui rapportent autant? En Angleterre, ajoute-t-il, tout le monde ne fait pas valoir, mais tout le monde connaît les questions agricoles; malheureusement il n'en est pas de même en France.

L'honorable membre trace un tableau des avantages résultant de la vie agricole, qui fournit pour notre armée la population la plus saine et la plus robuste ; il déclare, en terminant, qu'il votera contre l'échelle mobile, parce qu'il ne croit pas qu'elle protége l'agriculture.

M. Passy présente les considérations suivantes :

« Je n'ai rien à ajouter à la discussion.

Il s'agit seulement de terminer par un vote un débat aussi approfondi qu'étendu. Nous n'avons pas été appelés officiellement à délibérer sur la législation des céréales ; mais les questions qu'elle soulève devaient arriver (plus naturellement) devant cette Société que partout ailleurs.

Il était de notre devoir d'y entrer franchement, de les examiner avec calme et maturité. J'ai dû me préoccuper de l'issue du débat, et chercher une forme pour l'opinion que j'ai embrassée et qui se trouve raffermie par l'attention sérieuse que j'ai donnée à tous les arguments qui ont été produits.

Il y a peu de jours j'étais en Normandie, et j'ai voulu savoir si l'incertitude sur la législation des céréales inquiétait beaucoup les cultivateurs. J'ai rencontré un calme parfait, presque de l'indifférence ; on se serait contenté de l'état actuel.

J'en ai conclu qu'il y avait autour de nous, à ce sujet, plus d'agitation apparente que réelle, que les esprits étaient plus émus que ne l'étaient les intérêts, qu'il y avait quelque chose d'artificiel dans le mouvement qu'on avait imprimé et propagé, en l'absence de la loi, pour demander son rétablissement.

J'étais à mon aise pour poser la question : Faut-il un droit fixe ou l'échelle mobile?

On m'a répondu simplement : Nous préférons un droit fixe, parce que, avec un droit fixe, nous savons sur quoi compter, tandis que nous ne savons jamais où nous en sommes avec l'échelle mobile, qui n'exprime que des faits accomplis et ne donne aucune garantie à nos transactions.

Ce sentiment, que j'ai constaté, sanctionnait ma conviction. J'ai toujours été persuadé qu'en fait de législation ce qui est fixe, simple, facilement compris, à la portée de toutes les intelligences et de toutes les situations, atteint plus sûrement son but que ce qui est variable, incertain et complexe.

En effet, un droit à l'entrée comme à la sortie, mais dont il ne nous appartient pas de fixer le chiffre, me paraît une sauvegarde véritable, positive, efficace.

Je serais assez franc pour demander l'abolition de toute taxe, si je regardais la liberté absolue du commerce des céréales comme compatible avec l'état actuel de la culture en France.

L'avenir pourra en juger autrement, mais le passé et le présent sont notre seul enseignement.

Je demande un droit à l'entrée comme à la sortie du Froment, afin que le prix du Blé soit maintenu dorénavant à un taux qui n'alarme ni les cultivateurs ni les consommateurs, qui n'éveille ni les préventions des uns ni les craintes des autres.

On a essayé longtemps du régime de l'échelle mobile, et tout le monde condamne la loi que les circonstances ont abrogée. Elle avait donc un vice radical dans sa constitution, puisqu'elle a été sitôt usée, sitôt même délaissée par ses plus ardents promoteurs.

On la veut cependant encore, dit-on, mais sans savoir comment elle serait organisée; on la veut tout autre qu'elle était, on la rapproche forcément d'un droit fixe.

Messieurs, allons droit au but; demandons un avantage réel, formel, invariable, dont les cultivateurs conservent aisément dans leur mémoire le chiffre qui sera fixé, comme un gage de la sécurité qui leur est assurée.

Je propose les conclusions suivantes :

Considérant que la Société impériale et centrale d'agriculture n'est pas appelée à formuler des dispositions législatives;

Considérant qu'elle ne possède pas les documents officiels indispensables pour établir les chiffres d'une loi nouvelle;

Considérant qu'il est du devoir de la Société d'émettre son avis sur une question qui intéresse si profondément l'avenir de l'agriculture française ;

Se renfermant dans ce qu'elle croit être sa véritable mission,

La Société est d'avis

Qu'un droit fixe soit établi à l'entrée comme à la sortie du Froment. »

M. Payen, qui était inscrit à l'ordre du jour, dit que, d'après la communication qui vient d'être faite par M. le président et qui exprime d'une manière nette et précise ses propres sentiments, il renonce à la parole.

M. Darblay fait observer que M. Passy, dans sa proposition, n'a indiqué aucun chiffre.

M. Passy répond qu'il n'y a pas de chiffre à poser ; qu'il s'agit seulement de voter un principe.

M. Darblay, dans ce cas, se bornera aussi à demander un principe, celui de l'échelle mobile.

La clôture de la discussion est prononcée.

Il est décidé que le vote va s'ouvrir sur la seule question du *droit fixe* ou du *droit variable*.

On procède au scrutin.

Le nombre des votants est de 37; majorité, 19.

Les suffrages se répartissent ainsi qu'il suit :

Pour le droit fixe.	24
Pour le droit variable.	11
Bulletins mixtes.	2
Nombre égal à celui des membres votants.	37

En conséquence, M. le président déclare que le droit fixe est voté à la majorité de 24 suffrages exprimés sur 37 votants.

M. de Lavergne communique un nouveau document sur la question du commerce des céréales qui ne lui est parvenu que depuis la dernière séance; c'est le tableau officiel des importations et exportations de grains et farines, pendant les trois premiers mois de 1859, faisant suite au tableau analogue, pour l'année 1858, qui a été déjà communiqué à la Société.

Il résulte de ce tableau que l'importation du Froment en grains s'est élevée en tout, dans les trois premiers mois de 1859, à 189,190 quintaux métriques; dans ce chiffre, la Russie figure pour 79,417 quintaux métriques seulement.

En revanche, l'exportation du Froment en grains s'est élevée, pendant le même temps, à 860,465 quintaux métriques, c'est-à-dire plus de *quatre fois* l'importation. L'Angleterre à elle seule nous a acheté 337,697 quintaux métriques.

Cette différence, déjà si forte, s'accroît encore quand il s'agit des farines.

Le total des farines importées, pendant ces trois mois, a été de 3,918 quintaux métriques, c'est-à-dire, une quantité absolument insignifiante.

L'exportation des farines s'est élevée, au contraire, à 548,137 quintaux métriques, c'est-à-dire *cent quarante fois* l'exportation. L'Angleterre y figure pour 418,000 quintaux; puis viennent l'Algérie pour 39,000, la Belgique pour 27,000, la Suisse pour 18,000. Il est même à remarquer que nous avons exporté, en assez grande quantité, des farines pour l'Amérique; nous en avons vendu, en trois mois, 2,300 quintaux métriques au Brésil, 8,400 à la Guadeloupe, 7,100 à la Martinique, 1,293 aux Indes anglaises, etc.

On voit quelle importance croissante prend le commerce d'exportation, tandis que l'importation diminue. La Société doit savoir, d'ailleurs, qu'une hausse considérable s'est déclarée depuis quelques jours en France et surtout en Angleterre, deux pays qui jouissent en même temps de la liberté complète du commerce des céréales.

Le Secrétaire perpétuel,
PAYEN.

Le Président,
PASSY.

PARIS. — IMP. DE Mme Ve BOUCHARD-HUZARD, RUE DE L'ÉPERON, 5. — 1859.

www.ingramcontent.com/pod-product-compliance
Ingram Content Group UK Ltd.
Pitfield, Milton Keynes, MK11 3LW, UK
UKHW020158200726
13856UKWH00003B/1056

9 782011 928528